RECUPERACIÓN DE LA AGRICULTURA VENEZOLANA POST SOCIALISMO DEL SIGLO XXI

Pedro Raúl Solórzano Peraza

2016

A los persistentes agricultores venezolanos

La agricultura se ve fácil
cuando el arado es un lápiz
y se está a mil millas del campo de maíz.

Dwight D. Eisenhower

Tabla de contenido

MARCO DE REFERENCIA

Estamos en el año 2016 e indicadores de toda índole, económicos, políticos, sociales, históricos, y hasta domésticos, destacan la existencia de una gran crisis en la agricultura venezolana, manifestada por la escasez o carestía de los alimentos básicos para cubrir las necesidades mínimas de la población.

Se puede considerar que para cada venezolano sobreviviente a estas alturas del siglo XXI, la producción interna de alimentos ha sido la más baja durante todo su ciclo de vida y la importación de los mismos, que serviría para completar la oferta de productos alimenticios a los ciudadanos, ha sido insuficiente como resultado de una mala organización y de una excesiva corrupción en este proceso. Esa insuficiencia pudiera llegar a niveles cada vez más dramáticos por la falta de divisas para el pago de las importaciones, como consecuencia de la caída persistente y prolongada de los precios del petróleo y de la funesta administración de los ingentes recursos recibidos cuando su precio reciente y durante varios años, superó los US$ 100/barril.

Lo anterior es indicativo de que tenemos una precaria soberanía alimentaria porque la producción interna de alimentos es sumamente escasa, y la seguridad alimentaria se hace cada vez más crítica, al no importarse y distribuirse en forma oportuna los alimentos necesarios para cubrir los requerimientos de la población.

La soberanía y la seguridad alimentarias, junto a lo que llamaron cultivos bandera, fueron insignias enarboladas eufóricamente en los inicios de este régimen, pero eso no pasó de emotivos discursos y hoy vivimos en la diaria incertidumbre del alcance de los alimentos disponibles.

Cultivos bandera fueron aquellos de alta demanda por la población y para los cuales tenemos en el país excelentes condiciones que permitirían su producción exitosa. Es el caso, por ejemplo, de palma aceitera, arroz, caña de azúcar, cuya producción interna se ha ido a pique junto a la producción de oleaginosas en general, creciendo los enormes déficits de estos productos al fracasar las diversas y elevadas inversiones aplicadas a esos cultivos.

Entonces, si aceptamos que la agricultura venezolana está en una crisis sin precedentes, como consecuencia de una actitud ignorante e indolente manifestada por los gobernantes del socialismo del siglo XXI, **¡¡tiene que ser recuperada!!** Eso significa retomar lo que antes se tenía, volver a poner en servicio lo que han dejado inservible, trabajar para compensar lo que no se hizo, y volver a un estado de normalidad después de pasar por esa difícil situación.

La indolencia se ha reflejado, entre otras cosas, en la falta de interés por la situación del "campo" venezolano, donde han pululado la inseguridad personal y la jurídica, donde han destruido o mal utilizado los recursos naturales suelos y agua, donde han dejado deteriorar la infraestructura de apoyo a la agricultura, donde han permitido que las maquinarias y equipos agrícolas se detengan por la falta de repuestos y de otros recursos para su mantenimiento, donde no han llegado a tiempo los insumos básicos para una eficiente producción de los cultivos.

La ignorancia, uno de los rasgos más característicos de un régimen profano en el arte de gobernar, ha sido especial protagonista en el mundo político de la agricultura venezolana implementada por el

4

socialismo del siglo XXI. Es imposible definir acertadas políticas agrícolas si las personas en esas funciones son analfabetas en agricultura y en las ciencias agronómicas. La agricultura es una actividad muy compleja, donde se aplican conocimientos derivados de diversas ciencias que se concentran en la Agronomía, por lo tanto, cualquier política que se quiera aplicar a esta actividad y tener expectativas positivas, debe erigirse sobre estos conocimientos dentro de un contexto que abarque, entre otros, aspectos sociales y geopolíticos.

Solamente para señalar ejemplos de esa ignorancia, basta con destacar el deterioro de los centros de investigación agrícola y de las instituciones de educación en esta área, desde escuelas técnicas hasta las de nivel universitario que cumplen funciones de docencia, investigación y extensión. Ese deterioro ha sido consecuencia, en gran medida, de los mezquinos aportes presupuestarios a esas instituciones docentes y de investigación; del asalto a la infraestructura de las mismas como es el caso de estaciones experimentales donde se pierde la tierra y las especies vegetales y animales de valor, hasta los más recientes casos como el dirigido a la destrucción del Colegio del Mundo Unido que ha funcionado desde su fundación en

5

Ciudad Bolivia, estado Barinas, y a la amenaza que se cierne sobre la Escuela Agronómica Salesiana en ese mismo estado Barinas.

Unido a todo eso hay que señalar la destrucción de empresas dedicadas a apoyar la agricultura por medio del suministro de insumos y labores de asistencia técnica; y la destrucción de unidades de producción agrícola confiscadas, que al ser pisoteadas por ese Caballo de Atilas, su producción ha caído a niveles alarmantes o ha llegado a cero.

En este documento se expresa de forma general un conjunto de problemas que afectan a la agricultura venezolana y se delinean algunas soluciones para marchar hacia la recuperación de esta actividad. Los problemas que se presentan son la inseguridad personal y jurídica, el mal uso de los recursos suelo y agua, el estado actual de la infraestructura de apoyo a la agricultura, la disponibilidad de maquinarias y equipos agrícolas, el suministro de insumos básicos para la producción agrícola, la situación de las instituciones de educación agrícola, la necesidad de un servicio de extensión agrícola y de asistencia técnica, la investigación para impulsar la producción agrícola, y la urgencia de propiciar algunos programas de producción comercial en los rubros seleccionados: cereales, oleaginosas y azúcar.

Por encima de todas las palabras que se puedan escribir, por encima de todas las recomendaciones que se puedan expresar, por encima de todas las cifras que algunas personas utilizan para señalar la mala alimentación de los venezolanos porque las calorías que ingieren son insuficientes, muchos venezolanos tenemos la esperanza que a nuestra agricultura se le dé la importancia que realmente tiene.

Es cierto que esta actividad está en una crisis sin precedentes, increíblemente destruida, pero también es cierto que no es la primera vez que se alerta sobre el descuido al que ha sido sometida, especialmente durante las tres últimas décadas del siglo pasado y sobre el cual muchas personas han escrito. En lo personal, en una publicación de 1998 (La Agricultura Venezolana, una novela. 1998. Universidad Central de Venezuela. Ediciones de la Biblioteca-EBUC) escribí lo siguiente:

"…..Estamos en 1996, comenzando el último quinquenio del siglo XX y, a pesar de la hambruna del pueblo, en Venezuela se sigue insistiendo en que somos un país minero….Es cierto, durante los últimos sesenta años nuestra economía se ha basado sobre cíclicas pero abundantes divisas provenientes de la explotación petrolera.....somos un país minero, así lo hacen creer al ama de casa, a los niños, al ciudadano común, a los diseminadores de noticias. El petróleo genera ingresos para comprar todo lo demás, así hemos vivido durante las últimas décadas y así ha ido muriendo la agricultura, y así ha ido muriendo el deseo y la capacidad de nuestro pueblo para ser productivos y para ser responsables.

.....Estamos en un momento cuando las divisas están escaseando en forma alarmante, cada vez más, y si seguimos por estos caminos se agotarán totalmente, nos quedaremos sin reservas, pero se sigue destinando buena parte de nuestros ingresos para importar alimentos que muy bien podemos producir en nuestro medio. Esto permitiría dejar esas divisas para incrementar nuestras reservas internacionales y disponer de capital para nuestro desarrollo interno.....

.....¿Por qué no producimos todo el maíz que necesitamos, o las oleaginosas para cubrir nuestros requerimientos de grasas y aceites visibles? La respuesta estoy cansado de leerla en la prensa y de escucharla en radio y televisión: no somos competitivos, no somos eficientes en la producción agrícola; así lo expresan periodistas, locutores, empresarios, políticos, amas de casa, comerciantes, religiosos, barberos, bodegueros, porque en agricultura todos opinan, todos saben de esa materia. No se escucha la misma algarabía con respecto, por ejemplo, a PDVSA, a pesar que se dice que estamos produciendo la misma cantidad de petróleo que antes de la nacionalización de la industria pero con un personal cuatro veces mayor. Si esto es cierto, ¿allí se puede hablar de eficiencia?

…..Muchas de las políticas agrícolas han tenido el estigma de nuestra riqueza petrolera. Recuerdo cuando hablamos de la consideración de que Venezuela es un país minero. Esa concepción descarta a la agricultura o la reduce a un nivel prioritario de segunda o tercera categoría. Esta situación ha limitado por mucho tiempo el desarrollo de la agricultura, pero ha incentivado lo que se llama agricultura de puerto, que no es más que importar grandes volúmenes de alimentos dedicando pocos recursos y esfuerzos a tratar de producirlos en el país. Recuerdo que en una oportunidad hubo un ministro de fomento o hacienda, no estoy muy seguro, que exageró tanto esta situación que llegó a plantear que era mejor olvidarnos de la agricultura e importar todos nuestros requerimientos de alimentos. Afortunadamente, supongo, tan sabia intención no tuvo mayor eco en el resto de las personas del gobierno de turno.

....Por otro lado tenemos a los industriales, pocos de ellos han fomentado el verdadero desarrollo agrícola del país. En general, la agroindustria ha preferido la importación de materias primas debido a la ventaja de los precios y de su manejo, lo cual ha sido más marcado en el caso de las oleaginosas que llegaron a depender en más de noventa por ciento de las importaciones. Hubo una época cuando se aplicó la política de contingentamiento para las importaciones de materias primas alimenticias.....Esa política ayudó mucho al crecimiento de la agricultura ya que había seguridad en la colocación de los productos a unos precios definidos previamente......

.....Venezuela aún es un país rico, de envidiables ingresos que pueden facilitar salir de este marasmo, de esta apatía en que estamos inmersos, y la agricultura debe ser receptora de esta nueva oportunidad que tanto reclama, para mejorar la educación, la investigación y la producción agrícolas, para crear las bases de un progresivo desarrollo económico en lo que respecta a este sector. En todos los países del mundo que tienen recursos naturales favorables para la producción agrícola y que han alcanzado poder y dominio por lo saludable de su economía, y aún en países de avanzada con recursos naturales limitados, le dan gran apoyo a la actividad agrícola porque ello representa, además de una cierta seguridad alimentaria para sus habitantes, un artículo estratégico en el comercio internacional. Todos los miles de millones de habitantes del planeta deben comer tres veces al día…..

…..Para despertar su interés y el de personas relacionadas con el destino de nuestra agricultura, voy a decirle una cita de Hugo González Rincón, que data de 1978 en su trabajo *Venezuela, Agricultura y Soberanía,* publicado por la Sociedad Venezolana de Ingenieros Agrónomos:

"La Producción de Alimentos y la Soberanía Nacional. En los momentos actuales (1978), Venezuela depende en un alto porcentaje del suministro exterior para su alimentación. Algunos estiman una cifra superior al cincuenta por ciento. Este hecho determina, en nuestro concepto, por lo menos dos consecuencias importantes:

a.- La necesidad de consumir gran cantidad de divisas en productos alimenticios muy caros y escasos en el mercado internacional, lo que en cierto modo equivale a vender los productos de exportación a bajo precio.

b.- La vulnerabilidad del país en algo tan vital como es su alimentación, lo cual es muy grave desde el punto de vista de la independencia y soberanía nacionales.

En consecuencia, Venezuela necesita sentar las bases para un desarrollo agrícola propio y autosostenido, aún siendo un país exportador (petróleo, petroquímico e industrial), en contra de la opinión economicista de la aplicación del principio de las ventajas comparativas. Razones de estabilidad política y social obligan así mismo a alcanzar un buen nivel de desarrollo agrícola, aún cuando se tengan abundantes divisas para comprar los alimentos a precios razonables en el exterior".

Estas citas dejan ver que la agricultura venezolana, a pesar de su importancia, por muchos años no ha sido considerada prioritaria y la ha devorado nuestra riqueza petrolera. Hoy, cuando la crisis agrícola llega a su máxima expresión, cuando el hambre y la escasez de divisas invaden los estómagos de los venezolanos, no se puede seguir aplazando su recuperación.

He decidido escribir este documento por la certeza y la certidumbre que me dan 50 años de graduado de Ingeniero Agrónomo, los cuales he dedicado al conocimiento de la agricultura venezolana en sus diferentes regiones, estando en posiciones de docencia, de investigación, de extensión agrícola, de asistencia técnica, y como agricultor. Es un escrito orientado hacia la producción vegetal ya que áreas como zootecnia, ciencias forestales, acuicultura y otras, tienen que ser abordadas por los especialistas respectivos.

Por supuesto, éste es un trabajo incompleto, ya que siempre existirán contribuciones adicionales por personas versadas en el arte de la agricultura, o posiblemente surgirán otras materias de interés que aquí no han sido consideradas, pero estoy seguro que este documento es un aporte positivo para la recuperación de nuestra agricultura post socialismo del siglo XXI, que puede servir como papel de trabajo para corregir o ampliar significativamente las diferentes materias presentadas.

I.-INSEGURIDAD PERSONAL Y JURÍDICA

Éste es un problema de alcance nacional, ya que en todas las instancias de la vida del ciudadano venezolano, habitante de este país llamado Venezuela, existe un peligro permanente de inseguridad personal y de inseguridad jurídica. Es común informarse por medio de las noticias diarias, o por medio de familiares y conocidos, los delitos que se cometen contra las personas y sus bienes. Crímenes, secuestros, robos, expoliaciones de propiedades, son sucesos cotidianos en nuestras ciudades, pero también al "campo" venezolano ha llegado esta situación de inseguridad personal y jurídica, afectando profundamente la producción agrícola.

INSEGURIDAD PERSONAL

Lo relativo a la inseguridad personal se puede presentar de diversas maneras:

1.-Riesgos en las carreteras nacionales

Esta situación se incluye en este texto ya que las carreteras nacionales son las vías que utilizan todos los ciudadanos, en cualquier actividad, para movilizarse dentro del territorio nacional. Eso incluye, por lo tanto, la movilización por esas carreteras hacia y desde las unidades de producción agrícola ubicadas en todos los confines de nuestra geografía, o para dirigirnos hacia los centros de servicio que apoyan la actividad agrícola.

Para nadie es un secreto la cantidad de riesgos a los que estamos expuestos los ciudadanos venezolanos al transitar por las diversas autopistas, troncales y otras vías que unen las principales ciudades, pueblos, villorrios y toda clase de poblados existentes en el país. Estos riesgos son de variada naturaleza y muchos de ellos son complementarios entre sí. A continuación se presentan algunas de estas situaciones:

1.a.-Calidad de la vialidad: hay un deterioro muy marcado de la capa de rodamiento tanto en las principales vías como en las más modestas carreteras. Esto representa escenarios favorables para los accidentes de tránsito, daños a los vehículos, daños a las personas y exposición a ser víctimas de los asaltantes de caminos que hoy abundan en forma organizada.

1.b.-Escasez de vigilancia y de equipos de apoyo vial: la protección ciudadana y el auxilio oportuno por parte de las autoridades encargadas de la seguridad de las personas es cada vez menor en nuestras carreteras y esto ha causado, entre otras cosas, que se limiten las horas para transitar solamente a los períodos de tiempo cuando exista luz solar suficiente y haya abundancia de viajantes en las redes viales. En caso contrario, si nos llegara a ocurrir algún accidente, estaríamos expuestos a los asaltantes de caminos y a permanecer por mucho tiempo a la espera del apoyo vial requerido en estas situaciones.

Es común escuchar noticias y relatos de personas afectadas, explicando como algunos obstáculos (especialmente objetos cortantes como clavos o metales puntiagudos, punzantes) lanzados a las vías por facinerosos que abundan en las carreteras, les causaron pinchazos a los neumáticos y, al detenerse, fueron asaltados. Otros que ya han vivido esa experiencia, continúan la marcha hasta un sitio más seguro, prefiriendo dañar los rines y dejar los neumáticos inservibles. Lógicamente, al no existir organismos de seguridad vial, los malhechores aprovechan para cometer sus fechorías.

1.c.-Reductores de velocidad: es el nombre que le han dado a estos obstáculos ilegales colocados en las vías en forma generalizada, abundante, y en la mayoría de los casos injustificados, que se han extendido por todo el territorio nacional. Muchos de estos puntos son aprovechados por personas que ofrecen a la venta alimentos, bebidas o cualquier objeto, causando que algunos conductores se detengan para aprovechar esta forma de mercadeo de buhoneros, obstaculizando las vías y originando retraso a otros viajeros. En horas nocturnas o de poco tránsito, buena parte de estos puntos es utilizada por rateros y asaltantes de caminos; y se presume que durante el día, algunos de estos vendedores ambulantes avisan a las bandas de irregulares acerca de posibles víctimas, fáciles de asaltar, que van detectando al paso lento e inocente de los conductores al transitar sobre estos obstáculos.

Otro aspecto asociado a estos reductores de velocidad es que la mayoría de ellos son de dimensiones exageradas y en algunos casos, con unas formas que son causa de daño a los vehículos por más cuidadoso que sea el conductor. En otros casos son difíciles de visualizar a corta distancia porque no están correctamente destacados con los colores reglamentarios, y porque su cercanía no es anunciada con letreros claros y visibles. Todo esto puede conducir a accidentes y daños que deben ser cubiertos por los propietarios de los vehículos.

Al llegar a las fincas por esas carreteras nacionales, con todos los peligros que ofrecen a los usuarios, los agricultores y visitantes comienzan a enfrentar otros riesgos que son los que existen en esas unidades de producción; riesgos que han transformado la otrora tranquilidad del campo en sitios de inseguridad, de incertidumbre.

No tiene comparación la paz que se sentía al reposar en uno de estos fundos, especialmente de noche, escuchando los ruidos de la naturaleza. Estos lugares se hicieron tan atractivos que llegaron a convertir al campo venezolano en un sitio excelente para vacacionar, motivando incluso la construcción de muchas posadas, para que los viajeros después de esas apacibles noches campestres despierten con el mugido de vacas que están siendo ordeñadas, o con el concierto matutino de innumerables aves que alegres saludan un nuevo día con sus cantos sonoros y variados, o con el murmullo del rio corriendo aguas abajo. Ahora en esos lugares se siente desasosiego, miedo, temor a la llegada de las pandillas de asaltantes.

2.-Riesgos en las unidades de producción

El origen de estos riesgos, está nuevamente basado sobre la falta de vigilancia oficial. Dicho de otra manera, son riesgos alimentados por la ausencia de los cuerpos de seguridad del Estado en las regiones agrícolas, o por su presencia timorata y hasta posiblemente cómplice con las bandas irregulares que hacen vida en las áreas campesinas de nuestro país.

Estos riesgos son muy variados y afectan desde la integridad de los productores y personal en general de las fincas, hasta la seguridad de la infraestructura, maquinarias, equipos, enseres y semovientes. Un típico ejemplo de esta situación es el caso de un amigo, médico veterinario, que por años estuvo trabajando en varias fincas del estado Guárico donde adelantaba programas de inseminación artificial y, manejando germoplasma de calidad, le hacía luego seguimiento a la descendencia para tratar de fijar algunos caracteres de interés para los productores, que en este caso son aventajados criadores de ganado. En una visita de trabajo a una de estas fincas, ésta fue asaltada, todos los empleados aporreados, maniatados, incluyendo al albéitar. A este último, además de golpearlo, le robaron dinero, credenciales, y su camioneta con todas las herramientas de trabajo. Luego de que el líder de los asaltantes les explicó que no dieran parte a los organismos de seguridad, y que le informaran al propietario que se comunicara con ellos por un número telefónico suministrado, se alejaron llevándose como botín los objetos de más valor que había en la finca. A los días, mi amigo veterinario recibió noticias de los asaltantes, con las instrucciones de llevar una buena suma de dinero a un sitio determinado, para luego poder recoger su camioneta. Así lo hizo y al recuperar su vehículo se encontró con que lo habían volteado y tenía serios y costosos daños.

Ese médico veterinario, de larga y fructífera trayectoria, por consenso familiar dejó de asistir a las fincas donde llevaba trabajos de mejoramiento genético y sanidad de los rebaños, para mejorar la producción de los ganaderos. Según me refirió unos cuatro meses después, el productor, cansado de complacer las exigencias de los bandoleros y de soportar sus amenazas puso en venta la finca.

De esa manera y con cientos de casos parecidos o peores que ocurren diariamente, los riesgos en las unidades de producción van, no solo disminuyendo la producción de alimentos, si no acabando totalmente con ella. Algunos de esos riesgos son los siguientes:

2.a.-Robo de maquinarias y equipos: las maquinarias y los equipos agrícolas están expuestos a su robo total o por partes, especialmente en la actualidad cuando hay una tremenda escasez de repuestos. Esta situación afecta notablemente la marcha de las operaciones de una finca, tanto de mantenimiento como de producción. Algunas maquinarias y equipos se pueden colocar a buen resguardo al finalizar las faenas diarias, pero otros deben permanecer en el campo como es el caso de implementos de riego instalados desde las fuentes de agua con equipos de bombeo, hasta motores, tuberías, aspersores, etc. Así mismo, la infraestructura corre peligro de pérdida y deterioro, como es el caso de cercas, portones, pequeños puentes, partes de las viviendas y otros.

En las sabanas aledañas a la población de El Tigre, en el estado Anzoátegui, hubo una época por allá por los años ochenta, cuando se popularizó el riego por aspersión con sistemas de pivote central. Con las acometidas eléctricas a las fincas, muchos de los motores que accionaban estos equipos, que algunas veces llegaban a cubrir un círculo con una superficie de 100 hectáreas, eran eléctricos. Llegó un momento en el cual, muy temprano en la mañana iban a encender los motores porque ese día tocaba regar y los motores no estaban. O cuando iban a encender un tractor no podían ya que la batería, o el alternador, o cualquier otra pieza habían sido robadas. Eso podía ocurrir en cualquier región agrícola del país, e hizo que propietarios y encargados de las fincas, tuvieran que dedicar mayores esfuerzos a la seguridad de las maquinarias y equipos. Por supuesto, esto afecta la producción agrícola.

2.b.-Robos de cultivos y ganado: el robo de ganado es muy popular en las fincas donde los animales no están estabulados y, en muchos casos, los matan dentro de la misma finca y las carnes son parcialmente saqueadas. Por esta razón, al menos los animales de alto valor utilizados para el mejoramiento de los rebaños tienen que mantenerse cuidadosamente protegidos.

Un condiscípulo de las aulas universitarias dedicado a la ganadería, actividad que ha sido una tradición familiar desde sus bisabuelos, me comentaba que en su finca en el estado Yaracuy se había dedicado a la ganadería bufalina porque representaba menos tentación para el abigeato. Parece que estos animales son más ariscos que los vacunos y más agresivos, pero un día descubrió que igual le mataban los animales y saqueaban la carne. Los ladrones cortaban con un machete las extremidades posteriores de los animales que así quedaban inútiles, sin poder huir y eran sacrificados. Eso es algo de lo malo que ocurre en su finca, por lo que está a punto de retirarse.

En los hatos llaneros, es muy común encontrar osamentas de animales que han sido sacrificados en el sitio por ladrones de carne, pero es también muy frecuente el abigeato. Existen bandas que roban rebaños enteros, especialmente en los hatos muy grandes y más alejados de los grandes centros poblados. En propiedades más modestas el abigeo generalmente se lleva unos pocos animales. También ocurre el hurto de otras especies animales, desde aves hasta porcinos, ovinos y caprinos, que muchos ganaderos mantienen en sus hatos como un complemento para vender animales en ocasiones especiales, o para consumo del personal y de la familia.

Al igual que roban ganado de cualquier especie doméstica, se roban el producto de los campos cultivados, lo cual ocurre especialmente en aquellas fincas cercanas a centros urbanos. Es común la fuga de productos en campos de hortalizas, frutales y maíz para jojotos, entre otros.

En una oportunidad, siendo gerente de la Estación Experimental Samán Mocho, de la Facultad de Agronomía de la Universidad Central de

Venezuela, ubicada en el estado Carabobo, muy cerca del Central Tacarigua y rodeada por otros poblados y caseríos, teníamos un cultivo de maíz para jojotos que había llegado a su punto y estaba listo para ser cosechado por un comprador que llevaba vehículos y personal para la recolección. Ese día, muy temprano en la mañana, se presentó tanta gente de los alrededores que parecía un pueblo entero, cada persona con un saco, y entraron al campo para arrasar con todas las mazorcas. Aquello quedó peor que cuando ocurre el paso de nubes de langostas, era como el paso de una marabunta pero en lugar de hormigas, eran personas enloquecidas para tener el placer de comer unas cachapas mal habidas. Allí acabaron las esperanzas de producir algunos ingresos para la universidad.

Hay una anécdota muy simpática con un productor de frutales del centro del país. Todas las personas que transitan por la Autopista Regional del Centro han visto los vendedores de mangos y aguacates a los lados de las vías. En una oportunidad este productor, quien poseía una parcela que lindaba con la autopista, se detiene a comprar unos mangos a un muchacho que atendía uno de estos puestos. Conversando con el vendedor, le comenta al adolescente, que él está comprando mangos porque son para un regalo a una familia amiga, ya que él tiene una siembra de mangos por allí cerca pero aún no ha podido cosechar ninguno porque siempre están verdes. Aprovecha para preguntarle de dónde obtiene aquellos mangos, y el joven vendedor le dice: -de aquella parcela, y señala hacia la parcela del cliente, a lo que éste exclamó: -¡¡Con razón nunca consigo mangos maduros en mi plantación!!

2.c.-Peligros de secuestros o asaltos: en nuestras zonas rurales, en la actualidad, es común el asalto a las fincas para robar, pero también se está popularizando, en estos asaltos, no respetar la vida de las personas presentes y además, utilizar estos momentos para secuestrar a los propietarios cuando éstos están presentes. Esta situación ha sido la causa de que muchos propietarios, que son las personas que toman las decisiones y realizan las inversiones para mejorar la actividad agrícola, no asistan a sus propiedades rurales por el inmenso peligro que corren. Las pocas veces que los dueños visitan sus propiedades rurales lo hacen tomando precauciones extremas. Por supuesto, esto afecta la producción agrícola porque se interfiere con la marcha normal del proceso productivo y, dependiendo de la calidad y confianza del personal que permanece en las fincas y que a la vez está expuesto a todos los peligros señalados, la producción puede ser aceptable o puede ir a la deriva con resultados negativos para el productor.

2.d.-Cobro de "vacunas": ésta es una situación a la que están expuestos todos los productores del campo, en especial aquellos que tienen grandes y eficientes unidades productivas, con lucrativos retornos de la actividad.

Los autores de estas fechorías generalmente son bandas bien organizadas, que operan tanto en las ciudades como en el campo ya que sus objetivos son personas con cualquier tipo de negocios; por lo que para el caso de la agricultura no es preciso que el productor visite la finca, ya que si habita en una ciudad allí puede ser visitado por los malhechores y ser informado de sus intenciones. Estas bandas generalmente tienen conocimiento de los movimientos de los miembros de las familias que son sus objetivos, y utilizan este conocimiento para amedrentar a las víctimas. Operan de manera parecida a como lo hacían las famosas mafias de origen italiano en los Estados Unidos de la primera mitad del siglo XX.

Estas bandas dedicadas al cobro de vacunas muchas veces son las mismas que roban, asaltan y secuestran; y son formadas por personas de los poblados vecinos, o se forman en las ciudades, o están formadas por guerrilleros venidos de los movimientos irregulares que operan en la República de Colombia o delincuentes venidos de otros países, ya que aparentemente en Venezuela hay poco control para evitar la entrada ilegal de extranjeros.

Lógicamente, esta exposición al secuestro y la extorsión causan descontrol en las unidades de producción agrícola, las cuales en ocasiones son abandonadas por ser la mejor opción que encuentran los propietarios.

El efecto que todas estas acciones de inseguridad personal tienen sobre la producción agrícola es muy evidente.

INSEGURIDAD JURÍDICA

Con la aplicación de la Ley de Reforma Agraria, a comienzo de la década de los años sesenta, se inició la expropiación de grandes fundos en diferentes regiones del país, lo cual se realizaba luego de estudiar cada caso y decidir la conveniencia de dicha acción. El objetivo era tratar de parcelar algunos latifundios que estuvieran subutilizados, para ser otorgados a campesinos en función de la reciente ley. Esas grandes fincas eran debidamente mesuradas, evaluada su infraestructura y bienhechurías si las hubiere, y pagada satisfactoriamente a sus propietarios.

Con esas expropiaciones de la reforma agraria es posible que se hayan cometido algunas arbitrariedades, algunos propietarios hayan quedado inconformes, pero siempre se procuró actuar dentro de la ley. A pesar de eso, aquellas posibles acciones irregulares no fueron nada en comparación con lo sucedido a partir del inicio de la aplicación del Socialismo del Siglo XXI. Con este régimen se han cometido barbaridades en lo que han intentado disfrazar como una lucha contra el latifundio, cuando se han decretado expropiaciones que han sido ejecutadas con violencia, en algunos casos amenazando a las personas que se encuentran en las fincas y sacándolas de allí a la fuerza y luego haciendo verdaderas rebatiñas con los bienes de esas propiedades, especialmente repartiéndose los semovientes en las unidades ganaderas.

Hasta ahora, lo que ha comenzado como expropiaciones, que implicaría privar a los propietarios de sus bienes pero resarciéndolos con la correspondiente indemnización, no ha sido más que expoliaciones ya que dichas propiedades no han sido debidamente pagadas y, en algunos casos, han conducido a la ruina del productor cuando esa persona depende exclusivamente de la producción agrícola en su finca. Además, la utilidad pública o el bien social que conllevaría la expropiación no se ha cumplido y, por el contrario, la mayoría de estas fincas expoliadas que antes eran productivas hoy en día se han transformado en terrenos abandonados, yermos, se ha perdido superficie cultivada, los rebaños han disminuido o se han eliminado totalmente, todo lo cual incide en la caída de la producción agrícola.

El aspecto maligno de esta situación, es que los propietarios originales de los fundos no han podido cobrar el valor de sus bienes expoliados y se sienten totalmente abandonados jurídicamente. En algunos casos y sin saber por qué, han sido considerados delincuentes como una manera de justificar la expoliación. Algo paradójico en estas acciones del régimen es que ahora hay nuevos latifundistas en el país, quienes son, fundamentalmente, personas que de alguna manera están relacionadas con los partidos políticos, movimientos o con familiares de aquellos que ejercen funciones de gobierno a nivel nacional, regional o local.

La inseguridad jurídica en nuestro territorio ha sido causa de que las inversiones que generalmente se realizan en las fincas con miras a un mejoramiento de la producción, a incrementar la eficiencia de los procesos productivos y hasta a mejorar las condiciones de vida dentro de estas propiedades con más confort y con el embellecimiento de sus diferentes espacios, no se lleven a cabo y se mantenga la propiedad un poco disfrazada. Esto se hace para evitar la tentación, ya que mientras la finca sea mejor, más productiva y más moderna, es más apetecible por los entes gubernamentales o por personeros del gobierno para ser expoliada.

La inseguridad jurídica también ha invadido la agroindustria que en una u otra forma apoya a la agricultura. Es el caso de empresas que producen y suministran insumos para los cultivos, otras que procesan alimentos para preservarlos y ofrecerlos a los consumidores de manera continua a lo largo del año, otras procesadoras de materia prima para la industria de alimentos. Varias de esas empresas, que trabajaban a gran capacidad para atender a los ciudadanos en buena parte de sus necesidades alimenticias, han sido expoliadas y llevadas a niveles de producción muy por debajo de sus niveles originales. Por supuesto, esto ha afectado enormemente la oferta de alimentos a la población.

En conclusión, la experiencia que se tiene hasta ahora con estas fincas, es que las expoliaciones han conducido a la pérdida de productividad cuando en muchas de ellas han colocado a personas ajenas al medio rural y sin conocimiento de la actividad agrícola, quienes no han podido mantener la producción y más bien desmantelan esas propiedades. En el caso de las industrias, las han llevado a la ruina por desconocimiento de cómo manejar una empresa y, quizás la experiencia más triste, es que ha sido imposible la recuperación de las mismas por parte de sus propietarios originales.

ALGUNAS SOLUCIONES

Para los diferentes casos de inseguridad personal y jurídica presentados, existen variadas soluciones posibles de implementar, algunas de ellas se presentan a continuación:

En el caso de los riesgos en las carreteras nacionales se tienen que realizar campañas para el asfaltado, reparación y mantenimiento general de las vías, para lo cual se debe retornar la responsabilidad de estas acciones a los gobiernos regionales y locales, según sea el caso. En el país se tiene experiencia de esto con buenos resultados y con la posibilidad de que los ciudadanos tengan mayores oportunidades de reclamar, en esas instancias cercanas como son las gobernaciones y alcaldías, las necesidades de atención a la vialidad. Desde hace algunos años, a las gobernaciones y a los municipios se les ha negado autorización para realizar esas labores y eso ha sido una de las causas del desastre en que se encuentra una vialidad que alguna vez fue de las mejores, si no la mejor, de América Latina.

El problema de la vigilancia y apoyo vial es crítico. Actualmente es difícil ver en nuestras carreteras algún personal de las Policías Regionales o Nacional, o de la Guardia Nacional, en funciones de vigilancia velando por la seguridad de los viajantes. Así mismo, escasean los instrumentos de apoyo vial como grúas y ambulancias, mecánicos itinerantes, que antes eran frecuentes en nuestras carreteras. Esta situación tiene que resolverse, aumentar el patrullaje de seguridad durante 24 horas al día, disponer de vehículos de apoyo oficiales y también facilitar el trabajo de particulares que generalmente han realizado estas labores de apoyo.

Con respecto a los reductores de velocidad se debe tener cuidado con su uso debido a su ilegalidad. Se consideran ilegales porque son obstáculos que se colocan en la vía, perjudicando el libre tránsito de los ciudadanos. En el caso de que se lograra obtener permisos para su uso, se deben restringir a puntos muy bien identificados y justificados. Así mismo, se deben utilizar los diseños de reductores de velocidad que sean menos agresivos a los vehículos, identificarlos muy bien con la pintura amarilla reglamentaria, colocar anuncios claros y visibles para que los conductores puedan tomar las precauciones del caso al acercarse a ellos, y eliminar los ventorrillos y otros usos de esos puntos que pudieran conducir a malas acciones contra la población.

En lo referente a robos, asaltos, secuestros y cobros de "vacunas", es necesario desarrollar serios programas contra la delincuencia en general y contra la delincuencia organizada en particular, en todos los ámbitos del país. En el caso específico de las zonas agrícolas, se pudiera revisar la experiencia de los Comandos Rurales que alguna vez adelantaron el Ejército o la Guardia Nacional, o ambos, hacerlos más numerosos y eficientes; y crear otros comandos específicos que se encarguen del verdadero resguardo de las fronteras. Iniciar acciones para el control de la infiltración de cualquier tipo de guerrillas y procurar eliminar los focos existentes, tanto de guerrillas importadas como de los grupos que se han estado organizando con nuestros propios compatriotas.

Los problemas de inseguridad jurídica, para su solución, requieren que los ciudadanos afectados tengan un interlocutor dentro del Poder Judicial, que sea capaz de atenderlos con honestidad, a quien puedan presentar sus denuncias y adelantar juicios, con la intención de recuperar sus propiedades si éstas no hubieran sido correctamente expropiadas o procurar el cobro de sus bienes confiscados. Indudablemente, esto no es posible con un régimen donde el Poder Judicial está supeditado al Poder Ejecutivo que es el que ordena y autoriza las expoliaciones.

Quiere decir, que la solución a estos casos de inseguridad jurídica que vive la población venezolana, solamente será posible con un cambio de este régimen por un nuevo sistema de gobierno. Este régimen de corte comunista, lógicamente ha buscado durante los últimos quince años ser el dueño de todos los bienes y recursos del país. Bajo esa consideración, es imposible solucionar esta inseguridad jurídica que amenaza permanentemente a la propiedad privada, se vive bajo una constante indefensión institucional.

II.-LOS RECURSOS SUELO Y AGUA

Dos de los recursos naturales renovables de mayor importancia en la agricultura son, indudablemente, el suelo que es asiento para el crecimiento y desarrollo de las plantas y el agua que es el componente principal de los vegetales.

El suelo es un cuerpo natural y por lo tanto, de una gran variabilidad espacial. Esto quiere decir que existen suelos muy diferentes entre sí, cada uno de los cuales tiene especiales características para determinado uso, por lo que para utilizarlos lo mejor posible deben ser estudiados y clasificados.

Durante la primera mitad el siglo XX, en Venezuela se realizaron algunos estudios de suelos, sin embargo, a partir de la década de 1960 y quizás hasta los años ochenta, estos estudios se intensificaron tratando de cubrir la mayor parte del territorio nacional. Posteriormente, poco a poco fue disminuyendo la intensidad de estos estudios, hasta llegar el momento actual cuando prácticamente no se han continuado. Paralelo a esto, toda esa información generada por años no ha estado a buen resguardo y se han perdido algunos estudios total o parcialmente, especialmente lo correspondiente a los mapas que complementan los estudios de suelos.

Muchas personas, especialmente los políticos, algunas veces dicen que en Venezuela tenemos millones de hectáreas para la agricultura porque creen que por poseer un vasto territorio ocupado por solo treinta millones de personas, es suficiente la superficie que corresponde per cápita para que se pueda producir excesos de alimentos. Pero el suelo va mucho más allá de lo que vemos sobre la superficie terrestre, además, siempre recuerdo la primera clase de Edafología cuando el profesor explicaba que el concepto suelo depende del usuario, ya que no es lo mismo el suelo para un ingeniero civil que para un ingeniero agrónomo; y remataba diciendo, que para el vulgo, suelo es lo que pisa.

El suelo por ser un cuerpo natural tiene, como se señaló anteriormente, una gran variabilidad espacial, es por eso que en pocos metros de distancia sobre un terreno pueden existir suelos de muy diferentes características. Hay entonces una gran diversidad de suelos, algunos de los cuales no se pueden utilizar en agricultura y otros no deben ser usados para tal fin. Para ejemplo de esto, tomemos la información de dos edafólogos venezolanos de amplia trayectoria, quienes en 1978 analizaron las principales limitantes y potenciales de las tierras de Venezuela sobre la base de aspectos físico-naturales, y concluyen señalando lo siguiente (Comerma, J. y R. Paredes. 1978. Principales limitaciones y potencial agrícola de las tierras en Venezuela. Agron. Trop. 28:71-85):

-Alrededor de 4% de la superficie del país tiene limitaciones por aridez y está ubicada fundamentalmente en planicies o sistemas de colinas de la Costa Norte de Venezuela.

-Un 18% tiene limitaciones de drenaje y su ubicación predominante es en las grandes planicies aluviales como las del Sur del Lago de Maracaibo, los Llanos Centrales y Occidentales, y el Delta del Orinoco.

-Un 32% de la superficie nacional es señalada con limitante prioritaria de baja fertilidad, concentrada principalmente en los Llanos Centrales y Orientales, así como en el Sur del país.

-La limitante por excesivo relieve ocupa un 44% comprendiendo los dos ramales de la Cordillera Andina, la Cordillera de la Costa y la región montañosa del Sur de Venezuela.

-Finalmente, los autores señalan que solo un 2% de la superficie venezolana puede ser considerado sin limitantes para la producción agrícola. Quiere decir que de 91,2 millones de hectáreas que aproximadamente tiene el país, solamente un poco más de 1,8 millones de hectáreas se pueden utilizar en agricultura sin ninguna limitación. Sin embargo, buena parte de esa superficie ha sido inutilizada al ser ocupada por desarrollos viales, urbanísticos e industriales; y otra parte se ha degradado por erosión, salinidad, alcalinidad, compactación, acidez y otros factores, como consecuencia de un mal uso de esos suelos. Por lo tanto, actualmente disponemos de mucho menos que esas 1,8 millones de hectáreas.

Los mismos autores mencionados hicieron una prospección del uso de la tierra, indicando que aplicando tecnologías ya probadas por investigadores y productores avanzados, existe un 4% de áreas con amplia gama de uso agrícola; un 14% con una limitada gama; 30% fundamentalmente para uso ganadero; 41% para bosques, recreación y reservas hidráulicas entre otros; y un 11% que posee una asociación de áreas con limitada gama de uso agrícola y zonas limitadas a bosques y recreación.

Quiere decir, que aplicando la tecnología disponible para 1978 podíamos tener el doble del área (3,6 millones de hectáreas) con amplia gama de uso agrícola y un 14% del territorio (unas 12,8 millones de hectáreas) con uso para cultivos específicos. Ejemplos de esto pueden ser suelos con mal drenaje, anegadizos, se pudieran utilizar más fácilmente para producir arroz y algunas especies de plantas forrajeras que para producir otros cultivos con requerimientos de mayor aireación; suelos de elevadas pendientes se pudieran utilizar con cultivos conservacionistas como el café; por supuesto, siempre aplicando una serie de prácticas específicas para evitar el deterioro de esos suelos.

Como corolario a lo anterior es obvio que se deben aplicar una serie de conocimientos científicos y tecnológicos para manejar los suelos, para recuperar aquellos que tienen algunas limitaciones para su uso agrícola y para conservarlos en el tiempo, ya que se pueden deteriorar con facilidad. En una publicación anterior (Fertilidad de Suelos, su manejo en la producción agrícola. Alcance 51. Facultad de Agronomía, Universidad Central de Venezuela. Maracay. 1997) incluí lo que he identificado como Parábola Edafológica y, como viene al caso, la copio nuevamente:

"El suelo puede ser,
en las manos destructoras del hombre,
tan frágil como una burbuja flotando en el
                                            éter
tan delicado como un niño recién nacido
en la ausencia materna,
y tan fugaz como la claridad del relámpago
o de la luciérnaga inquieta.

Pero el suelo debe ser,
en las manos generosas del hombre,
cuerpo natural asiento de la vida,
cuya bondad se prolongue al tiempo
                                        infinito,
como manantía de riqueza para la existencia
                                        humana"

Se puede considerar que durante el período 2000-2015 los recursos suelo y agua han sido mal utilizados y en cierto modo se ha promovido su destrucción. A muchos suelos se le ha dado un uso diferente al más adecuado para su aprovechamiento máximo y para su conservación, y no se han vuelto a realizar programas de saneamiento de tierras para incorporarlas, entre otras cosas, al uso agrícola. En relación al agua, no se han realizado más obras para su almacenamiento, control de cauces, utilización en riego, generación de electricidad, saneamiento de cuerpos de agua; por el contrario, se han realizado muchas actividades destructivas de algunas cuencas hidrográficas importantes, para lo cual basta con señalar lo que ocurre en amplios sectores de Guayana, región que recoge nuestra mayor riqueza hidrológica, donde se permite la devastadora minería ilegal sin ningún control oficial y se destruyen las márgenes de los grandes ríos, sus nacimientos, se contamina el agua, en fin, se está destruyendo este importante recurso natural.

En el caso de nuestra Guayana en particular, sumado a la destrucción de la gran cuenca hidrográfica como un todo, que pudiera afectar en el mediano plazo el suministro de agua de calidad a las industrias de hierro y aluminio tan importantes de la región, a los desarrollos urbanos que tanto han crecido en los últimos cincuenta años y a la agricultura; se puede destruir y casualmente en este año 2016 lo estamos viendo, la generación de la electricidad que ilumina a la mayor parte del territorio nacional.

Además de la necesidad de estudiar suelos y agua, se requiere disponer de información adicional, especialmente de algunas variables meteorológicas. Los registros de clima en Venezuela han disminuido enormemente, buena parte de las estaciones meteorológicas de diferente calidad están abandonadas y no se generan suficientes datos de apoyo a la planificación del uso de los recursos suelo y agua. Así mismo, los planes de ordenamiento del territorio a todos los niveles no se han continuado y en los casos en los cuales existen, es frecuente que no se tomen en consideración al momento de decidir el uso de los recursos naturales. Generalmente, en estas decisiones priva más el beneficio político o económico que pueda obtener algún funcionario o algún empresario, por encima de la importancia de preservar un recurso natural.

Otro aspecto lamentable, ligado al uso de los recursos naturales renovables, ha sido la eliminación del ministerio al que le correspondía el manejo de todo lo relacionado con dichos recursos. Venezuela fue el primer país de América Latina en conformar un Ministerio del Ambiente y de los Recursos Naturales, pero también debe haber sido el primero en eliminar dicho ministerio y convertirlo en una oficina dentro de otro ente del Poder Ejecutivo, demostrando la poca importancia que este régimen dedica al uso y conservación de suelos, agua, flora y fauna. Paradójicamente, se ha creado un Ministerio de Agricultura Urbana, lo cual no pasa de ser otra burla en la organización del Poder Ejecutivo, ya que ésa sí es una materia que no debería ir más allá de una oficina dentro del Ministerio de Agricultura y Tierras.

ALGUNAS SOLUCIONES

Un punto de partida para una agricultura exitosa, en cualquier parte y circunstancia, es conocer cabalmente los recursos naturales renovables suelos y agua, y disponer de una información meteorológica confiable, para darle el mejor uso posible a esos recursos. Esto conllevaría a rendimientos elevados de los cultivos y a que a pesar de utilizar los suelos y el agua en agricultura, se conserven en buenas condiciones en el tiempo infinito y puedan rendir frutos a generación tras generación.

Con las consideraciones anteriores es claro que hay un arduo trabajo con los estudios de suelos. En primer lugar, se requiere recuperar los estudios realizados cuyos informes no se encuentren en las oficinas públicas correspondientes y disponibles para su uso, y que pudieran estar en manos de particulares (personas naturales y jurídicas) que alguna vez los utilizaron y decidieron que en su poder estarían mejor resguardados. En ese caso, es urgente solicitarlos, reproducir copias suficientes tanto de los textos como de los mapas de suelos, disponerlos en las oficinas gubernamentales correspondientes y controlar su consulta por parte de los usuarios interesados.

Al recuperarse los estudios extraviados y reunirlos con los que aún persisten en las organizaciones oficiales autorizadas, se debe hacer un inventario y decidir cuáles son los estudios faltantes para programar continuarlos hasta tener un mapa de suelos de todo el país, con el grado de detalle que amerite cada región en particular.

Con el recurso agua es fundamental establecer manejos adecuados de las cuencas hidrográficas del país, destacando obras y prácticas necesarias para su protección y su recuperación. Así mismo, emprender programas de descontaminación de cuerpos de agua que posteriormente puedan ser utilizados no solo en agricultura, si no con fines recreativos, urbanos e industriales. Un detalle importante es la necesidad de retomar las mediciones de los cauces de ríos de cierta magnitud, que ayuden en programas de almacenamiento o derivación de esos ríos según sus caudales máximos para preparar programas tendientes a evitar posibles desastres naturales causados por el agua, o según su caudal de estiaje para su posible uso en riego.

En lo que respecta a la información climatológica, es preciso recuperar las estaciones meteorológicas existentes en el país, construir las que sean necesarias, utilizar todos los recursos incluyendo los satelitales, hasta disponer de una información completa, actualizada, permanente y confiable. Siempre recuerdo cuando los empleados del Ministerio de Obras Públicas (MOP) y luego del Ministerio del Ambiente y de los Recursos Naturales, transitaban por buena parte del país en aquellos famosos vehículos rústicos de color amarillo característico que eran propiedad del MOP, y diariamente recababan la información de los cientos de pluviómetros que estaban dispersos por todas partes y algunos de ellos colocados en la cercanía de las carreteras. Hay que recuperar esa mística y ese interés por conocer nuestros recursos.

Conocer suelos, recursos hídricos y clima de las regiones potencialmente agrícolas del país, es fundamental para el éxito de cualquier programa agrícola que se quiera adelantar, ya que permite establecer los sistemas suelo-planta-clima-manejo más adecuados a cada espacio en cada región agrícola. Uno de los aspectos de manejo más importantes en este caso, es la posibilidad de desarrollar agricultura bajo riego, bien sea por medio de grandes obras de riego, por pequeños sistemas de riego, o por desarrollos de particulares a nivel de fincas utilizando agua superficial o profunda.

Finalmente, en este punto de los recursos naturales renovables, es fundamental disponer nuevamente de un ministerio que se encargue del estudio y planificación del uso de los suelos, del agua y demás recursos; que supervise las disposiciones que se hagan al respecto; que coordine la elaboración de los planes de ordenamiento territorial a nivel nacional, regional y local y vele por el cabal cumplimiento de los mismos; que recupere las estaciones meteorológicas propias y apoye la recuperación de las de otras instituciones; que concentre la información meteorológica a nivel nacional; en definitiva, que dicte las políticas necesarias para el mejor conocimiento, utilización, recuperación y conservación de los recursos naturales renovables en todo el territorio nacional.

III.-INFRAESTRUCTURA DE APOYO A LA AGRICULTURA

En el caso de la agricultura existen al menos cinco aspectos de infraestructura fundamentales para apoyarla, ellos son la vialidad agrícola, la electrificación rural y el servicio de agua potable, los sistemas de riego, los centros poblados, y los centros de recepción y almacenamiento de cosechas.

1.-Vialidad agrícola

Si las carreteras nacionales están descuidadas y muy deterioradas, la vialidad agrícola está en peores condiciones. Muchas de estas vías son de granzón y requieren un mantenimiento permanente, de lo contrario, especialmente cuando hay lluvias y tránsito constante por movilización de maquinarias y equipos, insumos como semillas y fertilizantes, productos de la cosecha hacia los centros de acopio o de recepción, se hacen grandes baches que pueden hacer intransitables estas vías. Parte de lo que se puede considerar vialidad agrícola corresponde a algunas vías asfaltadas, y lo que pudiera ser una ventaja, en algunos casos se convierte en situaciones peores que con la vialidad de granzón, ya que al dejar que lleguen a un avanzado grado de deterioro su recuperación y mantenimiento se hace más complicado y más costoso.

En algunos casos la vialidad agrícola posee pequeños puentes que deben ser también mantenidos en buenas condiciones, ya que se pueden convertir en verdaderos obstáculos infranqueables, aislando las unidades de producción y consecuentemente afectando seriamente la producción agrícola.

2.-Electrificación rural y servicio de agua potable

La electrificación rural es fundamental en las áreas agrícolas, por un lado porque permite accionar motores de diversa utilidad en las fincas y al mismo tiempo favorece el confort para la vida del agricultor dentro de su unidad de producción. Así mismo, es imprescindible que en el campo las personas puedan disfrutar de un saludable servicio de agua potable, lo cual es fundamental en los centros poblados de cualquier magnitud ya que en la mayoría de los casos, en el aislamiento de una finca, el propio agricultor soluciona su suministro de agua potable por medio de pozos o depósitos que son llenados por camiones cisternas.

Desde el comienzo de la aplicación de la Ley de Reforma Agraria, uno de los aspectos al que los gobiernos democráticos de los años sesenta y quizás hasta los ochenta le dieron gran importancia fue a la electrificación rural y a los acueductos. Era común transitar por esas vías que conducen a los centros de producción agrícola, grandes o pequeños, y contemplar las hileras de postes y cableado que llevaban el servicio eléctrico hasta los puntos más remotos. Igualmente siempre se dotaban, al menos los centros poblados, con acueductos rurales. Hoy en día, cuando estos dos servicios básicos son precarios en las grandes ciudades del país, lógicamente están en peores condiciones en el "campo" venezolano.

3.-Sistemas de riego

En Venezuela, la mayor actividad agrícola corresponde a lo que se conoce como agricultura de secano, la cual es aquella que depende de los ciclos de lluvia para el crecimiento y desarrollo de los cultivos. Es por todos conocido lo errático que pueden ser estos ciclos, tanto por la cantidad de agua que cae durante cada temporada de lluvias, como por la distribución de las mismas. Cada especie cultivada y en muchos casos cada "cultivar" dentro de cada especie, tiene unos requerimientos totales de agua muy particulares para llegar a alcanzar los mejores rendimientos. Esos requerimientos, además, varían a lo largo del ciclo de vida de las plantas, presentando períodos en los cuales son altos e indispensables para un buen rendimiento, por lo que se conocen como períodos críticos de los requerimientos hídricos de cada cultivo.

Cuando esos períodos críticos no se cubren con suficiente agua, los rendimientos disminuyen muy significativamente. Éste es uno de los grandes riesgos de la agricultura de secano, ya que es frecuente que durante las temporadas de lluvia se presente un prolongado período seco que coincida con un período crítico en los requerimientos de agua del cultivo, consecuentemente, el rendimiento será muy bajo y las ganancias del agricultor se pueden tornar en pérdidas del negocio agrícola.

Con la agricultura bajo riego se evitan los riesgos de las irregularidades de los ciclos de lluvia, ya que se dispone de agua para aplicarla a los terrenos sembrados según sus requerimientos y asegurar, en lo que al agua se refiere, un suministro adecuado para poder aspirar a una buena cosecha. Además, al disponer de riego se puede hacer un uso más intensivo de los suelos ya que se pueden cultivar prácticamente durante todo el año. Durante la época seca se pueden establecer cultivos que requieren atmósferas con baja humedad relativa, se pueden sembrar cultivos de alto valor y elevados costos de producción como es el caso de las hortalizas, donde los riesgos de la agricultura de secano pudieran conducir a grandes pérdidas de dinero. También se pueden sembrar aquellos cultivos que como el arroz, tienen muy altos requerimientos hídricos.

La combinación de una bien planificada agricultura de secano con una extensa y bien manejada agricultura de riego, debe conducir con bastante certeza hacia una pronta y amplia seguridad alimentaria para la población y en ese caso, poder decir con propiedad que realmente somos una potencia agrícola y que somos hasta capaces de poder exportar algunos excedentes.

No como lo ocurrido al menos durante los últimos quince años cuando hemos escuchado a los gobernantes de turno exponer que: "somos una potencia agrícola, este año realizaremos programas agrícolas para incrementar la producción en….. (un tanto por ciento novelesco), lo que también permitirá exportar excedentes….." Eso mismo lo hemos escuchado este año 2016, cuando la escasez de comida causa desesperación en los hogares venezolanos porque las familias no tienen como alimentar a sus hijos y demás miembros, cuando se acerca el principal período de siembras de secano y faltando días no hay los insumos básicos necesarios augurando un pobrísimo ciclo de producción, eso lo dicen con el mayor desparpajo cuando la indolencia y la incuria han predominado en las acciones oficiales para la agricultura venezolana. No deja de ser una utopía más, otra burla para una población cansada de tantas mentiras.

4.-Centros poblados o vivienda rural

Disponer de una vivienda suficientemente cómoda, con servicios básicos eficientes, en una localidad donde se pueda acceder con facilidad a expendios de alimentos y de medicinas, con facilidades de atención médica primaria, escuelas, transporte para dirigirse a otros poblados o ciudades cercanas, entre otras condiciones, es fundamental en el campo para la estabilidad de las familias, y para que puedan llevar una vida agradable tanto parceleros que tengan sus terrenos aledaños a estos centros poblados, como las personas que trabajen en las unidades de producción de la zona o que presten servicios diversos a la población.

5.-Centros de recepción, tratamiento y almacenamiento de cosechas

Los productos agrícolas, en general, son perecederos en el corto plazo cuando están expuestos a condiciones normales de alta temperatura y elevada humedad ambiental y, en el caso de los granos en general, son más susceptibles al deterioro cuando su contenido interno de humedad es elevado, lo cual es particularmente cierto para los granos de especies oleaginosas. Por lo tanto, debe existir una satisfactoria capacidad para la recepción, tratamiento y almacenamiento de cosechas lo suficientemente cerca de los sitios de producción, bien sea con silos de almacenamiento de granos, o frigoríficos para la recepción y almacenamiento en frío de hortalizas y frutos. En el país existe una red de silos para granos y sitios para el almacenamiento en frío, que seguramente no será suficiente para atender la producción cuando ésta se recupere y vuelva a una normalidad que satisfaga nuestra demanda.

ALGUNAS SOLUCIONES

En una oportunidad se creó, dentro del Ministerio de Agricultura y Cría, una Dirección de Vialidad

Agrícola, como organismo responsable por la coordinación de todas las acciones para la construcción y mantenimiento permanente de la vialidad agrícola del país. No estoy seguro del éxito que pudo tener esta instancia oficial, pero es necesario que exista un organismo que se encargue de estas actividades. Posiblemente ese organismo a nivel nacional se pueda encargar del estudio de necesidades de nuevas vías, de construcciones costosas como son puentes, túneles o movimientos de tierra muy voluminosos; pero el permanente mantenimiento de la vialidad agrícola puede ser responsabilidad, al igual que de las carreteras nacionales, de los cuerpos de gobierno regional y local, según la magnitud de los trabajos requeridos. En estas acciones es necesario el concurso obligatorio de las asociaciones de productores y de agricultores independientes que se puedan beneficiar de estas labores de mantenimiento.

Otro aspecto importante es que el tránsito por estas vías rurales debe ser regulado para evitar su deterioro y hasta su destrucción por un mal uso. En casos de daños por imprudencia u otras causas fuera de lo normal, los causantes de tales irregularidades deben hacerse cargo de las reparaciones a que hubiere lugar, en el menor tiempo posible, especialmente cuando el daño pueda causar que determinada vía haya quedado intransitable.

En el caso de la electrificación rural se debe hacer una evaluación del servicio existente para acondicionarlo adecuadamente y decidir si es necesario hacer nuevos tendidos eléctricos hacia algunos sectores ya en desarrollo y hacia aquellos nuevos programas de desarrollo que puedan ejecutarse. Lo importante es que este servicio público llegue a todos los rincones de nuestras regiones agrícolas por medio de nuevas acometidas a partir de las grandes líneas existentes, o con el apoyo de plantas eléctricas en aquellos casos cuando éstas puedan dar un servicio satisfactorio. En algunos casos de fincas aisladas, el servicio puede ser responsabilidad del mismo agricultor utilizando plantas propias para cubrir sus necesidades de electricidad.

El servicio de agua potable es fundamental y es responsabilidad del gobierno satisfacer su suministro a todos los ciudadanos que ocupen cualquier tipo de desarrollo habitacional. Por lo tanto, esto es necesario en las zonas rurales del país. Es preciso evaluar el estado actual de los acueductos rurales, mejorarlos y ampliar el servicio a todos los centros poblados ubicados en las zonas de producción agrícola con la instalación de acometidas, desde líneas existentes y que puedan utilizarse, o con la perforación de pozos e instalación de las plantas de tratamiento para asegurar un suministro de agua de calidad a los habitantes.

Dentro de los elementos de infraestructura de mayor impacto en la agricultura, están las obras de riego y drenaje. El Estado Venezolano a lo largo de diversos períodos durante el siglo XX, construyó importantes obras de riego y drenaje, algunas grandes obras que podían servir a miles de hectáreas y otras de menores dimensiones hasta llegar a lo que se denominó Pequeños Sistemas de Riego.

Entre las grandes obras destaca el Sistema de Riego Rio Guárico, con una larga presa a la entrada de la población de Calabozo, estado Guárico, que almacena las aguas del rio Guárico y sirve para regar extensas zonas aguas abajo donde el principal cultivo en la actualidad es el arroz. Luego le sigue el Sistema de Riego Cojedes-Sarare en el estado Portuguesa, conocido popularmente como Las Majaguas, con varias presas en una zona de cerros elevados, que permite el almacenamiento de las aguas de los ríos Cojedes y Sarare, a los que debe su nombre y donde los principales cultivos han sido la caña de azúcar y el arroz.

Además de esas grandes obras, se han construido otras de menor envergadura pero no por ello menos importantes en los estados Cojedes, Aragua, Zulia, Falcón, Yaracuy, Sucre, Trujillo, Portuguesa, Barinas y otros. Algunos de estos sistemas de riego no almacenan agua de los ríos si no que éstas son derivadas hacia las zonas de regadío por medio de canales y tuberías, por lo cual se llaman sistemas por derivación. Dos de los más importantes sistemas de estas características son el del rio Boconó, que sirve a terrenos aledaños a la población de Sabaneta en el estado Barinas y cuyo principal cultivo actual es la caña de azúcar, y el del rio Guanare que sirve a terrenos aledaños a la ciudad de Guanare y su principal cultivo es también la caña de azúcar.

Otra opción de la agricultura bajo riego que se implementó en el país, fue la de los pequeños sistemas de riego, los cuales consistían en dotar de riego a algunos asentamientos campesinos de la reforma agraria que tuvieran las condiciones para ello. Sus resultados iniciales fueron excelentes, pero ha sido otra política abandonada por los entes gubernamentales.

Muchos de los sistemas de riego del país no operan a su total capacidad por problemas de infraestructura dañada, errores de diseño o porque la infraestructura quedó incompleta desde el momento de su construcción. Entonces, para los sistemas de riego es preciso hacer las reparaciones que fuesen necesarias y estudiar la posibilidad de construir nuevos desarrollos para la agricultura bajo riego. En este sentido, hacia finales del siglo pasado, por medio del Ministerio de Agricultura y Cría se comenzaron las evaluaciones del estado actual de la infraestructura de algunos sistemas de riego, con la meta de extender esto a todos los sistemas de riego del país, y con el objeto de reacondicionarlos, corregir todas las fallas de infraestructura que afectaran su operación y luego transferir legalmente su administración, operación y mantenimiento bajo la responsabilidad de los usuarios debidamente organizados.

Este concepto fue muy acertado y había la experiencia de su éxito en otros países, pero desafortunadamente no pasó de los estudios previos para definir las obras necesarias para el acondicionamiento de cada sistema, ya que ocurrió el cambio de gobierno de la democracia representativa que veníamos disfrutando desde

1958, al régimen de Socialismo del Siglo XXI que impera desde el año 1999, el cual abandonó estos proyectos. Éste es un camino que debe revisarse para poner operativos al 100% los sistemas de riego existentes, analizar nuevamente la opción de transferir la administración, operación y mantenimiento de estas obras a los usuarios, y estudiar las opciones que puedan existir para la construcción de nuevos sistemas de riego.

Otra acción que pudiera tomarse para mejorar y ampliar la agricultura de riego en el país es revisar y continuar con los proyectos de pequeños sistemas de riego, hoy en día con la posibilidad de utilizar sistemas de riego localizado, que al ser más eficientes utilizan menos agua por unidad de superficie y se han estado popularizando en todo el territorio nacional.

Es interesante mencionar que la mayor superficie regada actualmente en Venezuela se debe a desarrollos de particulares, quienes han establecido sus propias obras de riego, algunos mediante tomas de aguas superficiales pero principalmente, utilizando aguas subterráneas por medio de pozos construidos con sus propios recursos.

En los últimos años estos riegos desarrollados por particulares se han orientado hacia el uso del riego localizado, con la aplicación simultánea de la fertirrigación. Éstos son sistemas de producción muy intensiva y pueden ser diseñados para agricultura a cielo abierto o para agricultura en invernaderos. Estas iniciativas de los productores también deben apoyarse ya que se hace un mejor uso del agua y, en el caso de los fertilizantes, éstos se manejan con extremada prudencia permitiendo eliminar prácticamente la lixiviación de nutrientes, en especial de los nitratos, que tienden a contaminar los acuíferos.

Para los nuevos desarrollos de riego, en especial aquellos de riego localizado con fertirrigación, es recomendable realizar sesiones de entrenamiento y cursos intensivos teóricos y prácticos, para ilustrar a los futuros usuarios en este novedoso y eficiente método para regar y fertilizar al mismo tiempo. Esto debe ser una estrategia a seguir en muchas actividades agrícolas que sean novedosas, para que los agricultores tengan altas probabilidades de éxito con estos sistemas de producción.

Con respecto a los centros poblados y viviendas adecuadas para las familias campesinas, es preciso comenzar por actualizar los centros poblados existentes, que fueron construidos prácticamente con todos sus servicios funcionando adecuadamente pero que en la actualidad están muy deteriorados. Es particularmente grave la falta de atención médica, el abandono o mal funcionamiento de las escuelas, la ausencia de un transporte confiable para llegar o salir de estos centros poblados, la inexistencia de sistemas que permitan evitar que la basura y las aguas negras generadas por esas comunidades se conviertan en problemas ambientales, y los problemas de inseguridad personal y de mal estado de la vialidad a los que ya hemos hecho referencia.

Los casos de la basura y los efluentes domésticos son dignos de atención, ya que además de los problemas de salud que pudieran causar por su mala disposición, generalmente son lanzados a los cursos de agua cercanos a los poblados, sean éstos caños, ríos o canales, contaminando sus aguas y con la posibilidad de originar obstrucciones que retengan estas aguas y pueda ser causa de otros tipos de problemas por desbordamientos, o porque el agua no llegue adecuadamente a su destino. Por lo tanto, es fundamental atender estos dos casos, colocando cerca de los poblados modestos vertederos o alguna otra solución para la basura, con capacidad suficiente para los estimados de desechos generados, y sistemas de pozos sépticos y lagunas de oxidación que puedan recoger todas las aguas negras producidas.

Se debe evaluar la necesidad de construir nuevos centros poblados y, en algunos desarrollos de nuevos caseríos y villorrios que van creciendo desordenadamente, iniciar programas de sustitución de ranchos por algún modelo de vivienda rural mejorada en relación al diseño original de este tipo de viviendas, y apoyarlos para que dispongan de los servicios mínimos necesarios para llevar una vida lo más agradable posible.

En conclusión, la vivienda debe ser prioritaria en la vida campesina, porque las condiciones naturales y las obligaciones de las personas como trabajadores, o como padres, o como amas de casa, son bastante más duras que cuando se vive en las ciudades rodeado de recursos para tener mayores comodidades y una mejor formación y desarrollo intelectual. La vivienda en el campo tiene gran importancia en la estabilidad familiar.

Hace años, existió una eficiente Dirección de Malariología y Saneamiento Ambiental, exitosa en el control de la malaria y, entre otras atribuciones, responsable de los acueductos, viviendas y sistemas de cloacas rurales. Hoy en día hace falta una organización de este tipo, pero que rescate la dedicación de sus anteriores directivos, empleados y obreros en el cumplimiento cabal de sus responsabilidades, especialmente ahora cuando el campo venezolano se encuentra tan desasistido y la malaria ha vuelto a aparecer con una elevada incidencia en todo el territorio nacional.

La producción agrícola no termina con la recolección de los frutos de los cultivos, ya que hay una serie de actividades post cosecha que deben ser cubiertas. En el caso de los granos, generalmente se recolectan con un contenido de humedad del grano superior a la humedad de almacenamiento que normalmente es 12%, por lo tanto, rápidamente deben ser llevados a un centro de recepción para ser secados según las normas y luego almacenados para ir distribuyéndolo gradualmente a los centros de consumo. Este secado y almacenamiento son necesarios porque la producción en el campo es estacional pero el consumo es durante todo el año. Algo parecido ocurre con las hortalizas ya que en la mayoría de las ocasiones deben ser almacenadas para su posterior comercialización y, en este caso, el almacenamiento debe ser con temperatura y humedad relativa controladas.

Otra infraestructura que puede convivir en las áreas agrícolas son industrias procesadoras de productos agrícolas, lo cual existe en algunos sitios para procesar frutas y tomate. Esto es muy conveniente ya que estos son productos perecederos en el corto tiempo, y procesarlos cerca del lugar de producción es una garantía para el productor. También hay que pensar en procesadoras y empaquetadoras de granos.

Es preciso evaluar la capacidad actual de recepción, tratamiento y almacenamiento de cosechas, el estado en que se encuentren los depósitos disponibles, recuperarlos a su máxima capacidad, y decidir si se requieren nuevos desarrollos de este tipo de infraestructura. Obligatoriamente, si se desarrollan nuevas áreas para la producción agrícola, éstas deben ser dotadas con toda la infraestructura de apoyo que favorezca buenos resultados de la gestión agrícola.

IV.-MAQUINARIAS Y EQUIPOS AGRÍCOLAS

En la actividad agrícola moderna, se tiene que producir grandes cantidades de alimentos para una creciente población mundial y por lo tanto, utilizar inmensas superficies de terrenos que deben ser acondicionados, labrados, sembrados, luego recolectada la cosecha que debe ser despachada hacia los sitios de recepción y consumo. Por supuesto que sin los recursos mecánicos, de maquinarias y equipos agrícolas, sería imposible lograr abarcar áreas tan extensas, sobre todo en el poco tiempo disponible para cada labor del proceso productivo. Entonces, en cada unidad de producción, en cada programa de producción agrícola, tiene que estar disponible suficiente cantidad de estos recursos, en buenas condiciones, que puedan brindar un servicio oportuno y eficiente según las necesidades de cada caso.

En terrenos que ya han sido cultivados, las labores para la producción agrícola comienzan con la labranza de los terrenos, o con el combate de malezas si se aplica el concepto de labranza reducida o cero labranza. Pero en terrenos nuevos, las labores comienzan con el acondicionamiento de los campos, lo cual va desde la deforestación, desraizado, amontonamiento y quema de la vegetación tumbada y pases de rastra pesada para luego repasar el desraizado. A partir de este punto continúa la labranza de los terrenos.

Tomemos el ejemplo de terrenos nuevos. En estos casos, para iniciar las siembras de los cultivos se requieren equipos de maquinarias pesadas para deforestar y amontonar los materiales tumbados. Luego se requieren tractores de alta potencia para los pases de rastra pesada y desraizado, a partir de este punto, se requiere la maquinaria y equipos tradicionales utilizados en agricultura, entre los cuales tenemos los siguientes: tractores agrícolas, arados, rastras pesadas (Big-Rome) y rastras, abonadoras, encaladoras, trompos, cultivadoras, sembradoras, asperjadoras, zorras, cosechadoras combinadas, elevadores y otras según cada situación. Es bueno recordar, que para sacar las cosechas hacia los centros de recepción se puede requerir el concurso de camiones grandes y gandolas, que no se clasifican como de uso agrícola si no de uso general para el transporte de todo tipo de objetos.

En el caso de terrenos para riego, los cuales generalmente requieren ser nivelados, se necesitan niveladoras, las cuales existen en gran variedad de modelos y pueden ser moto traillas, traillas de tiro, patroles, niveladoras y palas convencionales accionadas con tractores. En estos casos lo más común es que también se deban construir canales para el avenamiento de los terrenos, labores para las cuales son muy útiles los patroles y las palas accionadas por tractores. En algunos casos para mejorar el drenaje de los campos se pueden construir bancales, para lo que los arados y los patroles vuelven a ser muy útiles.

Durante los picos de cosecha, especialmente en el caso de cereales, es frecuente observar escasez de maquinarias y equipos agrícolas; sin embargo, siempre se hacen grandes esfuerzos redistribuyendo esos recursos para evitar la pérdida de producto en el campo por retraso en las labores de recolección. En la actualidad, esa situación es peor debido al alto grado de deterioro que están sufriendo tanto las maquinarias como los equipos, por la falta de repuestos y de un adecuado servicio por escasez de lubricantes y otros. A esto se suma el hecho de que se han hecho importaciones, especialmente de tractores, de marcas novedosas pero sin la responsabilidad del suministro de repuestos y de los servicios especiales si los tuvieran.

Adicionalmente, las fábricas y ensambladoras de equipos agrícolas existentes en el país o han cerrado o han disminuido sustancialmente su producción, bien sea por falta de materiales, o por falta de divisas para importar partes necesarias, o por la inseguridad jurídica, que impide que los empresarios dediquen mayores esfuerzos e inversiones a sus negocios. En estados como Lara, Portuguesa, Guárico, Aragua, Carabobo, por mencionar algunos, era común ver fábricas de implementos de labranza incluyendo Big-Rome (o rastra pesada), rastras, sembradoras, rotocultores, cultivadoras, abonadoras, encaladoras, asperjadoras, tuberías para riego, bombas, entre otros, las cuales ahora no existen o trabajan a un ritmo muy bajo.

ALGUNAS SOLUCIONES

Definitivamente, una flota de maquinarias suficiente y de calidad, es imprescindible para que las actividades de producción agrícola se puedan realizar bien y algo muy importante, en forma oportuna. Recordemos que la agricultura comprende una seguidilla de pasos o etapas, las cuales se deben realizar en momentos muy específicos de coincidencia con condiciones externas favorables, ya que al desfasarse esas etapas se puede afectar negativamente el rendimiento final, el cual es lo que en definitiva determina la posible ganancia del agricultor y la producción total en un ciclo o temporada.

Es conveniente dar algunos ejemplos de la importancia de esa oportunidad en las labores agrícolas. Es el caso de la siembra, que tiene que realizarse cuando el suelo tiene una humedad adecuada para que ocurra una buena germinación de las semillas y se logren poblaciones de plantas uniformes y con una densidad que sea la recomendada para el cultivar que se está sembrando. Si nos atrasamos en la fecha de siembra puede que la colocación de las semillas en el campo coincida con un período de poca lluvia y no exista suficiente agua aprovechable en el suelo para que ocurra la germinación uniforme de las semillas, algunas semillas se pueden perder porque se humedezcan y luego se sequen. Ese retraso en la siembra puede causar que los días se comiencen a acortar cuando la planta aún no ha alcanzado su máximo crecimiento vegetativo y se induzca la floración en forma anticipada, lo cual puede afectar significativamente tanto los rendimientos finales como la calidad de los productos cosechados.

Igualmente, algunos fertilizantes tienen un momento en el cual deben ser aplicados porque las plantas tienen períodos críticos en sus requerimientos nutritivos; los herbicidas se aplican en momentos específicos según el crecimiento del cultivo y de las malezas, ya que de lo contrario se pueden dañar las plantas cultivadas o el efecto sobre las malas hierbas se pierde; los insecticidas se deben aplicar antes de que las poblaciones de insectos plaga lleguen al umbral de daño a las plantas. La recolección debe comenzarse, en la mayoría de los casos, tan pronto las plantas alcancen la etapa de madurez fisiológica o se corre el riesgo de pérdida de cosecha; una vez cosechados los productos, algunos deben secarse rápidamente para evitar fermentaciones u otras reacciones no recomendables, otros deben almacenarse con condiciones controladas de temperatura y humedad relativa, lo que quiere decir que el despacho de los productos debe hacerse perentoriamente después de la recolección.

Los ejemplos anteriores indican claramente, que en cada unidad de producción agrícola debe disponerse de suficiente cantidad y calidad de maquinarias y equipos para poder realizar las labores de manera oportuna, de lo contrario se afectarían los rendimientos.

A mediados de los años noventa, Palmaven, filial de PDVSA, me contrató una evaluación de las maquinarias y equipos agrícolas disponibles en el país, así como de algunas de las empresas fabricantes. Para ese momento la situación era de insuficiencia y, por supuesto, hoy en día es mucho más dramática por todo lo expuesto con anterioridad. Casualmente, en declaraciones recientes de los agricultores, por medio de Fedeagro que es la organización que agrupa a los productores del país, han resaltado la obsolescencia del parque de maquinaria agrícola en un 85%; la falta de importación de repuestos por más de dos años, exceptuando los repuestos que han podido traer algunos de ellos en forma particular y aislada; y la notoria insuficiencia de maquinarias y equipos en el campo venezolano que lo anterior ha generado.

Para mejorar esa situación y transformarla en un apoyo más para la agricultura venezolana, algunas de las acciones a tomar serían las siguientes:

-Hacer inventario de la situación actual para tomar las medidas correspondientes, que permitan llevar las existencias de maquinarias y equipos agrícolas a las cantidades necesarias. Conjuntamente con los productores organizados o independientes, determinar esas cantidades y tipos necesarios.

-Hacer convenios con empresas fabricantes de maquinarias y equipos agrícolas en el extranjero, de marcas de conocida calidad, para su suministro y con la seguridad de que se presten los servicios y se asegure el flujo de repuestos que mantengan todo en óptimo funcionamiento. En este caso, se debe evitar adquirir un mosaico de marcas que complicarían el mantenimiento de esa maquinaria y esos equipos; existen marcas y modelos de tractores, sembradoras y otros equipos de tradición en nuestros campos, conocidos por los agricultores, a los cuales se les debería dar prioridad. En el país tenemos malas experiencias con maquinarias y equipos importados, especialmente de países de Europa Oriental y de China, de calidad dudosa y que han sido abandonados sin apoyo de servicios y repuestos una vez que se compran. Esto ha generado verdaderos cementerios de estos aparatos con los consecuentes problemas para los agricultores.

-Evaluar las fábricas y ensambladoras locales y decidir sobre la conveniencia de apoyarlas financieramente, para que reinicien o continúen con mayor capacidad, hacia la producción de estos bienes tan necesarios en el campo agrícola. Convenir con ellos para que fabriquen lo necesario y de acuerdo a las normas de calidad correspondiente, de tal manera que se pueda aplicar el requisito de No Producción Nacional para otorgar permisos de importación.

-Estudiar la posibilidad de estructurar empresas de servicio de mecanización agrícola, tan útiles en las actividades del campo, a través de asociaciones de productores o particulares, con apoyo financiero suficiente para que puedan prestar un servicio oportuno y de calidad.

V.-INSUMOS BÁSICOS PARA LA PRODUCCIÓN AGRÍCOLA

Además de la tierra, maquinarias y equipos, orientación profesional o asistencia técnica y los operadores y trabajadores de diferente nivel, en agricultura se requiere de otro grupo de insumos básicos. Estos comienzan con la semilla, luego fertilizantes, herbicidas, insecticidas, fungicidas, acaricidas, nematicidas, defoliantes, reguladores del crecimiento. Todos esos productos deben estar en las fincas para ser utilizados oportunamente, tal como se explicó en el capítulo anterior.

En los últimos años, en Venezuela, ha ocurrido una crisis muy grande en el suministro de los insumos básicos para la agricultura. Es común leer o escuchar noticias relativas a los problemas que enfrentan los agricultores para disponer de los insumos adecuados; en algunos casos se pierde parte de la cosecha porque no se pudo aplicar algún plaguicida oportunamente, o se dejó de sembrar una superficie importante porque no había semillas o fertilizantes, o alguna otra situación que a la larga puede afectar la producción de alimentos.

Recientemente, en unas declaraciones de un vocero de Fedeagro, se planteó la deuda que tiene el

Gobierno Nacional con los productores, la cual asciende a más de ocho mil millones de bolívares (más de Bs. 8.000.000.000,00) por el solo concepto de subsidios ofrecidos para abaratar el precio de los alimentos al consumidor, subsidios que los agricultores convinieron con el Ejecutivo, pero éste no ha cumplido con el pago correspondiente. Unido a eso, cuando faltan unos quince días para el inicio de las siembras de maíz, señalan que solo hay inventario de 25% de los posibles plaguicidas a utilizar.

Algunas causas de las deficiencias en el suministro de insumos para la producción agrícola son las siguientes:

-Expoliación de Agroisleña, C.A.

En primer lugar tenemos que señalar la expoliación de la empresa Agroisleña, C.A., líder en la producción, importación y suministro de insumos para la agricultura en Venezuela, además de haber sido el principal ente financiero para esta actividad en los años más recientes. En octubre de 2010 ocurrió el asalto a esta empresa comercializadora de insumos, maquinarias y equipos, y a las otras empresas filiales que producían diversos bienes para la agricultura, incluyendo plaguicidas; equipos para riego, con estaciones de bombeo especialmente para aspersión y riego localizado, tuberías plásticas y metálicas galvanizadas; semillas híbridas de maíz y sorgo granífero, y variedades de arroz; semillas de hortalizas; mezclas físicas de fertilizantes convencionales y de fertilizantes hidrosolubles, además de producir fertilizantes de aplicación foliar; ensamblaje y fabricación de partes para equipos de aspersión; servicio de recepción y almacenamiento de cosechas de cereales distribuido en todas las regiones de producción comercial importante; apoyo al productor en la venta de su cosecha; en fin, como decía el lema de esta organización: "Todo para el agricultor".

Luego de la expoliación de Agroisleña, C.A., su administración y manejo gerencial pasó a manos del Estado, comprometiendo la calidad de su servicio y convirtiéndola en una empresa más, llevada a la quiebra, por la ignorancia para hacer una buena gestión de gerencia o por el deseo de destruirla.

-Suministro de semillas

Los cultivos que ocupan mayores superficies y por lo tanto tienen mayores requerimientos de insumos son los cereales. En el país, por mucho tiempo, se ha producido toda la semilla requerida por los programas de arroz y se han desarrollado una serie de variedades, con características favorables, para su producción en los diferentes sistemas suelo-clima de nuestras regiones productoras de este importante grano. Actualmente (mayo 2016), en este cultivo se señala que se dispone solamente del 50% de los requerimientos de semillas certificadas, de buena calidad, para los programas que se piensan desarrollar. En el caso del arroz, la producción de semillas no es tan complicada ya que se trabaja con variedades, los híbridos comerciales de esta especie todavía no se han llegado a popularizar debido a lo complejo del proceso de hibridación. Sin embargo, para maíz y sorgo granífero, cuya producción comercial se realiza con semillas de híbridos, los requerimientos para la producción de semilla certificada son mucho más complejos. De allí los problemas que han estado confrontando los agricultores durante los últimos años.

Hasta hace poco tiempo en Venezuela se disponía de suficiente cantidad de semillas de híbridos de maíz y sorgo granífero, a tiempo, de los cultivares de mayor capacidad de rendimiento en cada sistema suelo-clima. Parte de estas semillas correspondían a cultivares desarrollados en el país por algunas empresas privadas que tenían sus programas de mejoramiento genético, por el organismo oficial correspondiente (el FONAIAP, ahora INIA) y por algunas universidades. La otra parte de las semillas correspondía a cultivares de empresas trasnacionales, líderes mundiales en la producción de este tipo de materiales genéticos. Las trasnacionales más importantes, tuvieron sus programas de producción de semillas en el país, es decir, que prácticamente toda la semilla requerida de maíz y sorgo granífero podía ser producida en el país, por agricultores venezolanos, y muy poca se importaba.

Todos estos programas han desaparecido, el INIA, que es el ente oficial responsable por los programas oficiales de mejoramiento genético, trabaja en la actualidad a un nivel muy bajo, sin recursos suficientes; a las trasnacionales ya no se les permite la producción de semillas localmente o no quieren hacerlo; algunas de las empresas nacionales (una de ellas del grupo Agroisleña, C.A. identificada como SEHIVECA) han sido expoliadas y los programas de mejoramiento y de producción comercial de semillas llevados a su mínima expresión. Total que se ha complicado el suministro de semillas de cereales a los agricultores, algunas veces no es suficiente la cantidad disponible, o no es de la calidad deseable, o no son los cultivares mejor adaptados a determinadas regiones, todo lo cual conlleva a disminución de la producción.

En adición a los cereales, se debe tratar el problema de suministro de semillas de hortalizas y de algunos frutos, cuya producción es de tecnología complicada y generalmente son ofrecidas por empresas trasnacionales, especializadas en la producción y comercialización de estos materiales. Se ha tratado de promocionar cultivares de hortalizas (al menos de tomate) con semillas producidas en nuestras condiciones, pero en estos cultivos el material genético es determinante y los materiales importados, con tendencia a predominar híbridos de excelentes rendimientos y comportamiento bajo los sistemas de producción aplicados en el país, son prácticamente insustituibles.

Las empresas venezolanas que evalúan e importan los materiales de hortalizas, que son de amplia aceptación por los agricultores, confrontan muchos problemas para la adquisición de las divisas, que les permitiría realizar las negociaciones para traer estas semillas de otros países. Lo mismo sucede con algunos frutos, como es el caso de melón, patilla, y las semillas de lechosa de pulpa roja, que comprende los cultivares de mejores rendimientos y frutos de excelente calidad por su textura y su sabor.

A mediados de abril del año 2016, cuando ya se asomaba la temporada para comenzar las siembras de maíz al occidente del estado Barinas, los productores indicaron que del total requerido solo disponen de 20% de la semilla certificada de cereales en general, hay 10% de inventario de la semilla requerida para la siembra de hortalizas y no hay semillas de papa.

Otros rubros que permanentemente presentan problemas para la obtención de semillas de calidad y en forma oportuna, son las leguminosas de grano comestible como caraota negra y frijol, y algunas oleaginosas como los casos de soya y girasol. Es común la ausencia de semillas de estas leguminosas de grano comestible cuando llega la época de siembra, ya que no hay programas para la producción de semillas certificadas y algunas veces se importan semillas de materiales que no son los mejores para nuestras condiciones. En el caso de la soya, muchas siembras se han realizado con semillas de contrabando, o como dicen los productores, llegada por los caminos verdes. En este cultivo además, los programas de siembra más recientes se han hecho solamente con dos variedades, lo cual es peligroso en caso de que repentinamente brote alguna enfermedad. Finalmente, algunos de los programas más recientes de girasol se han realizado con híbridos sin evaluación previa en nuestras condiciones.

En cultivos permanentes o semipermanentes los problemas de suministro de semillas son de carácter menos urgente, por un lado porque se requiere semilla solo en las ocasiones cuando se van a realizar nuevas plantaciones o renovar otras después de varios años, y por otro lado porque muchas de estas especies son de propagación asexual y se utiliza material de plantaciones existentes (estacas y yemas es lo más frecuente). Como ejemplos tenemos especies frutales como mango, guayaba, vid, níspero, cítricos, café, cacao, otros como caña de azúcar y musáceas (cambur y plátano).

Es preciso referirnos a la ganadería bovina y su dependencia de las especies forrajeras. El crecimiento de la ganadería bovina camina paralelo a la disponibilidad de suficiente alimento para los rebaños. La base de esta alimentación son las especies forrajeras, de las cuales algunas existen como "pasturas naturales", identificadas así porque no son sembradas por los ganaderos si no que son especies que de manera natural, espontánea, ocupan determinados espacios del paisaje. Estas pasturas son pastoreadas por el ganado sin hacerles ningún manejo especial, por lo que generalmente no son fertilizadas, los suelos donde crecen se van empobreciendo y poco a poco van predominando en esas áreas las especies más rústicas, menos exigentes, pero también de menor producción de materia seca y de pobre valor nutritivo. Eso determina que sean potreros con baja capacidad de carga animal, limitando la producción de carne y leche por unidad de superficie.

Para incrementar la producción de ganado bovino son necesarias las pasturas establecidas por el productor, las cuales se realizan con especies forrajeras de alta capacidad de rendimiento y elevado valor nutritivo. Para eso se requiere disponer de semillas certificadas de buena calidad y darle al pastizal un manejo agronómico acorde con la calidad del forraje a producir. En los momentos actuales en el país hay una marcada escasez de semilla certificada de especies forrajeras lo cual limita el establecimiento de buenas pasturas y frena el desarrollo de la ganadería; además, esta situación de escasez ha permitido que con estas especies se desarrolle un mercado con semillas de mala calidad, falsificadas, con una pobre germinación y vigor, y muchas veces contaminadas con semillas de malezas.

Otra situación de las semillas como insumo básico para la agricultura, en este caso contradictoria, es la posición del Gobierno Nacional en relación a la prohibición del uso, por parte de nuestros agricultores, de materiales genéticamente modificados o transgénicos. La contradicción se debe a que Venezuela importa una elevada cantidad de los alimentos que consume debido a la pobre producción interna, buena parte de esas importaciones corresponde a productos generados por materiales transgénicos ya que los productores de los países que nos suplen alimentos, en sus programas agrícolas, aprovechan las ventajas que brindan estos organismos genéticamente modificados que incluye, entre otros, mayores rendimientos y mayor facilidad de producción que los materiales convencionales.

Esta paradoja con los materiales transgénicos resulta en que estamos consumiendo alimentos producidos en otros países con semillas de organismos genéticamente modificados, pero nuestros agricultores no pueden aprovechar las ventajas de este extraordinario hallazgo científico y tecnológico. La prohibición del uso en el territorio nacional de cultivares genéticamente modificados o transgénicos, ha sido ratificada en la nueva Ley de Semillas vigente desde marzo de este año 2016. Por supuesto que esto limita la producción agrícola nacional.

-Suministro de fertilizantes

Se pueden señalar al menos dos tipos de fertilizantes, los de aplicación edáfica convencional y los fertilizantes especiales, y en cada uno de ellos las condiciones actuales de suministro a los agricultores son diferentes.

-Fertilizantes de aplicación edáfica convencional: el suministro de fertilizantes de aplicación edáfica convencional, que tradicionalmente han sido subsidiados por el gobierno e incluyen complejos N-P-K, mezclas físicas, y fertilizantes simples, y representan el grupo de fertilizantes que se consumen en grandes cantidades (debería ser más de 1.000.000 de toneladas por año), ha sido por lo menos durante los últimos diez años un suministro escaso, inoportuno, de pocas opciones y algunas veces poco recomendables. En cuanto a lo poco recomendable tenemos el caso de tener que realizar aplicaciones de fertilizantes con cloro en cultivos sensibles; o el caso de disponer de una sola formula y una sola dosis de complejos N-P-K para todos los sistemas suelo-planta-clima del país, lo cual elimina la posibilidad de una buena fertilización. La responsabilidad por esas irregularidades, por ser benignos en el juicio, es exclusiva del Gobierno Nacional, ya que aproximadamente desde el año 2006 controla en forma absoluta todo lo correspondiente a producción, importación y distribución de este tipo de fertilizantes de aplicación edáfica convencional.

En el mundo entero, especialmente desde la segunda mitad del siglo XX hasta hoy, los fertilizantes químicos han sido un valioso instrumento para mejorar espectacularmente los rendimientos de la mayoría de los cultivos que producen alimentos y fibras para la humanidad.

Por supuesto, Venezuela no ha sido ajena a ese impacto de la aplicación de fertilizantes a los cultivos, y desde 1960 en adelante, con ciertos altibajos, han ocurrido incrementos sustanciales en el consumo de fertilizantes a nivel nacional, con tendencia a estabilizarse en los últimos cinco años en un consumo alrededor de 800.000 toneladas anuales. Sin embargo, y a pesar que esas cifras pudieran revelar que la fertilización ha llegado a convertirse en una práctica popular, indispensable en la mayoría de nuestros sistemas suelo-planta-clima, la aplicación de fertilizantes por variadas razones, principalmente por razones de políticas agrícolas, no se realiza de la mejor manera posible.

En la actualidad, no es posible fertilizar siguiendo recomendaciones técnicas específicas ya que no hay en el mercado suficiente variedad de fertilizantes que así lo permitan, por lo tanto, se puede considerar que su eficiencia es baja y que además, pudiera ser responsable de que muchos cultivares no manifiesten su máxima capacidad de producción, y responsable de una nefasta contaminación ambiental al promover incrementos en la concentración de nitratos en aguas subterráneas, y al promover la eutrofización en cuerpos de agua superficiales como lagos, lagunas y embalses.

En Venezuela disponemos de una industria de fertilizantes, iniciada en 1956 y que ha continuado evolucionando en el tiempo, produciendo parte de la demanda interna y comercializando los fertilizantes que se importan para tratar de cubrir el total de las necesidades nacionales, llegando en la actualidad, tal como se señaló anteriormente, a movimientos anuales de unas 800.000 toneladas, que parecen insuficientes para los requerimientos de nuestra agricultura.

A pesar de que Venezuela tiene una capacidad potencial de producción de fertilizantes nitrogenados y fosfatados bastante grande, es muy desalentador ver como la producción real ha venido disminuyendo progresivamente por problemas en las plantas productoras, especialmente falta de mantenimiento oportuno y escasez de materia prima, como ha ocurrido en el caso de suministro insuficiente de gas natural a la planta de nitrogenados de El Tablazo. Así, para el año 2004, Venezuela llega a tener una capacidad potencial de producción de abonos nitrogenados de 2.510.000 toneladas, que representa el 32% de la capacidad de producción de toda Latinoamérica, pero ese año solamente se produjeron unas 370.000 toneladas, lo que representó aproximadamente el 15% del potencial de producción. Ese mismo año, solamente se llegó a procesar 350.000 toneladas de roca fosfórica micronizada para producir ácido fosfórico, fosfato diamónico especial (conocido en el mercado como DAPITO), y roca fosfórica parcialmente acidulada (conocida en el mercado como Superphosfertil), cifras que están muy por debajo de la capacidad potencial de producción de fertilizantes fosfatados.

Lo anterior es indicativo del deterioro que ha sufrido la industria de fertilizantes químicos en el país, la cual en lugar de continuar creciendo ha disminuido su capacidad de producción; han dejado de operar algunas plantas; se han realizado nuevas inversiones faraónicas en nuevas plantas para sintetizar amoníaco y producir urea, las cuales aparentemente no pueden trabajar a su máxima capacidad si no a una muy pequeña fracción de la misma, en lugar de primero repotenciar la infraestructura existente y ponerla a funcionar correctamente.

En el caso de los fertilizantes fosfatados también ha ocurrido algo parecido, ya que la planta de Morón enfrenta un problema de insuficiente suministro de roca fosfórica, porque las minas de Riecito en Falcón están agotando sus reservas. Sin embargo, el gobierno nacional inició la construcción de una nueva planta para producir superfosfatos y eventualmente fosfatos de amonio, explotando las minas de Navay en el estado Táchira. Este proyecto se inició hace unos diez años y no se vislumbra que sea terminado en un futuro cercano.

Aproximadamente desde la década de los años noventa hasta el año 2006, algunas empresas privadas participaron en el abastecimiento de fertilizantes para la agricultura venezolana. Esto permitía una amplia oferta de fertilizantes, que facilitaba aplicar recomendaciones de fertilización bastante ajustadas a las necesidades de los agricultores que solicitaban este servicio. Los análisis de suelos y de tejidos de plantas se popularizaron y sirvieron de base para esas recomendaciones de fertilización, y nos llegamos a aproximar bastante a una alta eficiencia en el uso de estos insumos tan necesarios en la agricultura.

Esa participación de las empresas privadas en el mercado nacional de fertilizantes, hizo posible que se comenzara a utilizar en el país, a nivel comercial, fertilizantes nitrogenados con inhibidores de la nitrificación. Estos productos surgen como respuesta a los reclamos de contaminación por el mal uso de los fertilizantes, especialmente los nitrogenados, que son presentados por algunas organizaciones como causantes de impactos negativos al ambiente. Los fertilizantes nitrogenados con inhibidores de la nitrificación permiten utilizar menores dosis por hectárea, menor número de reabonos o de aplicaciones fraccionadas de nitrógeno, una mayor eficiencia en el uso del nitrógeno por parte de las plantas, y por supuesto, menores pérdidas por lixiviación que representan una disminución significativa de la contaminación de aguas continentales por excesos de nitratos.

Las ventajas de los fertilizantes con inhibidores de la nitrificación son debidas a que al disminuir la tasa de nitritación para la formación de nitritos, lo cual es un proceso biológico realizado con la participación de unas bacterias del genero Nitrosomonas, van a permanecer por más tiempo en el suelo las formas nitrogenadas de amonio. Este amonio puede ser absorbido por las raíces de las plantas y es un catión (NH_4^+), es decir, un ión con carga neta positiva. Los cationes pueden ser adsorbidos por atracción de las cargas negativas netas de la fase sólida coloidal del suelo y mantenerse en el perfil del suelo donde abunda el sistema radical de las plantas, para ser absorbidos e incorporados a los procesos metabólicos de los vegetales.

Las sustancias incorporadas a los fertilizantes como inhibidores de la nitrificación, retardan la acción de las bacterias Nitrosomonas, disminuyendo al final la tasa de nitrificación (la nitritación es un paso previo a la nitratación y ambas reacciones representan el proceso de nitrificación). De esta manera hay menos nitratos (NO_3-) en el ambiente, éstos son aniones o iones cargados negativamente que no son adsorbidos a la fase coloidal, permanecen en la solución del suelo y se pueden perder fácilmente por lixiviación. Además de la pérdida de nitrógeno, la lixiviación puede llevar a los nitratos hasta los acuíferos, contaminándolos y limitando el uso doméstico e industrial de estas aguas, por la posibilidad de que su consumo pueda causar cianosis o metahemoglobinemia.

En el país se inició la construcción de una infraestructura, con la finalidad de instalar una planta para producir urea con el inhibidor de la nitrificación 3,4 dimetil pirazol fosfato (3,4 DMPP). Desafortunadamente, ese proyecto quedó inconcluso, perdiéndose la oportunidad de producir un fertilizante nitrogenado amigable con el ambiente, que se hubiera convertido en un producto muy especial de exportación, ya que en el continente americano solo hay una planta de éstas, en México, atendiendo un mercado que es muy grande para ellos. Eso además, le daría un valor agregado muy importante a nuestra urea en los mercados internacionales.

Otra opción de fertilizantes de aplicación edáfica convencional está representada en las mezclas físicas. En el país se han instalado plantas mezcladoras de fertilizantes en diferentes regiones agrícolas, pero los objetivos fundamentales de ofrecer los nutrientes a la carta sobre los resultados de análisis de suelos y del conocimiento de los requerimientos de los cultivos, no se han cumplido, por lo tanto, la aceptación de estos fertilizantes por parte de los usuarios no ha sido tan favorable como lo esperado. Además, muchas de estas plantas no han recibido un adecuado y oportuno servicio de mantenimiento, lo que ha conducido a su deterioro progresivo.

Todas esas situaciones planteadas marcan la ruta que conduce hacia el futuro de la fertilización de los cultivos en Venezuela y de la industria de los fertilizantes, futuro que es una merma progresiva de la producción y mayor dependencia de importaciones, tanto de fertilizantes como de alimentos, a menos que se produzca un cambio en las políticas que definen esta materia.

A partir del año 2006, todas las funciones de producción, importación y distribución de los fertilizantes en el territorio nacional pasan a la responsabilidad de PEQUIVEN, empresa que conjuntamente con el Ministerio de Agricultura y Tierras y otros organismos del sector oficial, estiman las necesidades anuales de fertilizantes según las áreas a sembrar programadas por ellos para cada cultivo.

Quizás una de las causas de las ventas limitadas de fertilizantes en el país, y de la mala práctica de la fertilización de los cultivos, sea la forma en que los organismos oficiales estiman las necesidades de estos productos para los programas agrícolas. En mi opinión, el criterio básico que priva en este caso es que se utilice la menor cantidad posible de fertilizantes en la agricultura, ya que son productos subsidiados que por lo tanto representan una enorme carga para el Estado. En los años recientes, para cereales que son los mayores consumidores de fertilizantes, se ha establecido una dosis única de aplicación en todos los sistemas suelo-planta-clima del país, y prácticamente con una sola fórmula fertilizante que es la 10-20-20 CP.

Por supuesto, lo anterior anula todos los esfuerzos que puedan realizarse para hacer de la fertilización una práctica ajustada a los avances tecnológicos actuales; con estas condiciones de distribución y oferta de los fertilizantes a los agricultores no tiene sentido realizar análisis de suelos, ni de tejidos, ni se requieren programas de fertilización específicos para cada sistema suelo-planta-clima.

-Fertilizantes especiales: además de los fertilizantes convencionales, de aplicación edáfica directa, que son manejados en la actualidad por los organismos oficiales, existen otros tipos de fertilizantes que hasta los momentos, en su gran mayoría, han sido manejados por particulares en cuanto a su producción, importación previa autorización oficial, y comercialización. Estos productos los identificamos como fertilizantes especiales ya que tienen unas características de solubilidad muy particulares, son hidrosolubles, libres de cloruros y de calcio, y se aplican por medio de uno de los métodos de fertilización más eficiente como es la "fertirrigación". Además de estos productos hidrosolubles, existe otro grupo de fertilizantes especiales, que son aquellos específicamente elaborados para aplicación foliar, es decir, para asperjarlos sobre el follaje de las plantas y ser absorbidos translaminarmente o a través de los estomas de las hojas.

La demanda por estos productos hidrosolubles va en franco ascenso en la medida que aumentan los sistemas de riego localizado y sus áreas servidas, ya que bajo este manejo es fundamental la fertirrigación. Sin embargo, en muchas oportunidades la oferta de estos fertilizantes no ha estado a la altura de la demanda, ya que siendo en su mayoría productos importados, se confrontan problemas de suministro de divisas que retardan o entorpecen, de alguna manera, la disponibilidad oportuna de estos fertilizantes.

La fertilización foliar ha ido aumentando en la medida en que los productores han comprobado las bondades de esta práctica; además, porque en el mercado nacional existe una variada gama de productos de este tipo, muchos de los cuales son de excelente calidad. Destaca en este caso la aplicación foliar de micronutrientes, ya que se requiere aplicar pequeñas cantidades de estos nutrientes que muy bien pueden ser totalmente cubiertas con estos productos.

En la industria nacional de fertilizantes, por medio de la empresa mixta Tripoliven, C.A., donde por supuesto interviene Pequiven, se produce un fertilizante hidrosoluble de excelente calidad que es la urea-fosfato, el cual se expende con el nombre comercial de Urfos 44 y contiene 17% de N-ureico y 44% de P_2O_5. Esta empresa también ha producido, en algunas oportunidades, un fosfato monoamónico hidrosoluble y algunas fórmulas N-P-K para fertirrigación.

Pequiven también forma parte de una empresa mixta que opera en la República de Colombia, identificada como Monómeros Colombo-Venezolanos, la cual produce algunos fertilizantes hidrosolubles expendidos bajo el nombre Nutrimón, de los cuales en Venezuela se comercializa el Nutrimón 13-03-43, que ha sido muy utilizado en los programas de fertirrigación a nivel nacional.

Ciertas empresas han comenzado a mezclar fuentes hidrosolubles simples para producir algunas fórmulas completas N-P-K, enriquecidas con micronutrientes, para ser aplicadas en fertirrigación.

En lo que respecta a los fertilizantes foliares, en el país algunos particulares han formulado ciertos productos, pero la mayoría de ellos son importados y son elaborados mezclando los nutrientes con aminoácidos, extractos de algas, y otros derivados orgánicos, que aparentemente mejoran la fisiología de las plantas y coadyuvan al aprovechamiento de esos nutrientes aplicados por vía foliar, al favorecer su absorción y transporte dentro del vegetal.

-Suministro de plaguicidas

Con este término, plaguicidas, se engloban insecticidas, herbicidas, acaricidas, fungicidas, nematicidas, raticidas; en fin, todos los biocidas que se puedan utilizar en agricultura. En Venezuela, hoy en día, es común escuchar el reclamo de los agricultores por la falta de plaguicidas para poder llevar sus cultivos a un final de buenos resultados. Esos reclamos muchas veces van acompañados de la comparación de la situación actual de escasez con la de abundancia y oportunidad cuando existía Agroisleña, C.A.

Insecticidas y herbicidas son quizás los dos plaguicidas más utilizados en la producción agrícola y se considera que actualmente, con el uso de suelos durante varios años en forma consecutiva, en muchos casos con monocultivo, la aplicación de estos productos en los campos cultivados es imprescindible, porque bajo esas condiciones, las poblaciones de insectos plagas y de malezas se pueden incrementar considerablemente.

Existen innumerables insectos que son plagas peligrosas para las plantas cultivadas, que abundan en los ambientes del campo y que al sobrepasar lo que se conoce como población umbral, pueden causar daños irreversibles al cultivo promoviendo disminución marcada de los rendimientos y grandes pérdidas económicas al agricultor. Estos insectos plagas son de diversos hábitos y su susceptibilidad a los productos insecticidas puede ser muy diferente de una especie a otra. Por esto, existe una amplia gama de insecticidas en el mundo agrícola, que deben estar a la mano para ser aplicados ante cualquier emergencia que requiera el combate de alguna plaga.

Esos insecticidas también pueden ser empleados en lo que se conoce como Manejo Integrado de Plagas (MIP), que es un concepto más ecológico, más conservacionista para el combate de plagas. En este MIP, los insecticidas se incluyen dentro de programas asociados a una serie de prácticas que tienden a disminuir las poblaciones de insectos, a la vez que se pueden aplicar algunos productos llamados insecticidas biológicos, que son fabricados a partir de organismos (pueden ser otros insectos u hongos entomopatógenos) capaces de eliminar algunos insectos plagas al parasitar sus cuerpos.

En el caso de las malezas o malas hierbas, que son especies vegetales con características de rápida y abundante reproducción y de muy elevadas tasas de crecimiento, las cuales compiten con las especies cultivadas por espacio, luz, agua y nutrientes esenciales, también se deben combatir una vez que su población sobrepase el umbral económico o de daño al cultivo que cause cierta disminución de los rendimientos. Otro efecto negativo de las malezas es que algunas sustancias tóxicas liberadas por diversos órganos de ciertas malas hierbas pueden tener efecto alelopático sobre las plantas de cultivo, inhibiendo la germinación de sus semillas, causando su retraso en el crecimiento y hasta su muerte. Esto tiene profundos efectos sobre las poblaciones de plantas del cultivo y consecuentemente sobre los rendimientos finales.

Existe una amplia gama de herbicidas para diferentes formas y momentos de aplicación. Hay productos para aplicación pre siembra, pre emergente al cultivo y pre emergente a las malezas, pos emergente al cultivo y pos emergente a las malezas, para combate de especies gramíneas y de no gramíneas, también difieren en su modo de acción, etc. En conclusión, estos productos, al igual que el resto de los plaguicidas, deben existir en las fincas para su uso oportuno y evitar pérdidas de rendimiento, de esfuerzo y de dinero en el negocio agrícola.

Para el combate de malezas también se puede aplicar un manejo integrado, ya que existen otros métodos que pueden ser: preventivos, manuales, mecánicos, físicos y biológicos, pero el combate por medios químicos con la aplicación de herbicidas es prácticamente inevitable en siembras comerciales de cierta magnitud.

Otros plaguicidas de amplio uso son los fungicidas, para el combate de hongos patógenos que pueden causar la destrucción total de campos cultivados; sin embargo, su uso está bastante limitado a cultivos hortícolas, frutales y flores, y eventualmente se aplican en cultivos más extensivos como es el caso de cereales y otros. Los hongos pueden causar daños anatómicos y fisiológicos a las plantas, por lo que existen productos de diversa forma de acción, que permiten tanto combates externos de hongos, como combates internos en aquellos casos cuando los hongos viajan por el interior de las plantas. Por supuesto, estos fungicidas tampoco pueden faltar para ser aplicados oportunamente, especialmente en este tipo de cultivos de producción intensiva con elevados costos de producción por unidad de superficie.

El resto de plaguicidas no es de aplicación generalizada, se aplican en casos específicos cuando hay necesidad de combatir ácaros, nematodos, roedores, etc.

Lo importante es que en la actualidad, cuando la agricultura se desarrolla en terrenos de amplia tradición agrícola y existen peligros latentes de presencia de algunos de estos organismos que pueden arruinar un cultivo, los agricultores tienen que tener seguro y fácil acceso a la adquisición de los plaguicidas, para su aplicación correcta y oportuna. Esto último es muy importante, ya que la acción o el efecto de muchos de estos productos químicos se pierde si no se aplican en determinados momentos del ciclo del cultivo o de los agentes causales de daños. Para ilustrar esto podemos señalar el caso de unos insectos que deben ser combatidos en estado adulto y otros en estado larval, o malezas que deben ser combatidas cuando no tienen más de determinado número de hojas porque de lo contrario el herbicida pierde efecto. Entonces, la aplicación de estos plaguicidas en el momento oportuno es fundamental.

ALGUNAS SOLUCIONES

-Semillas

Para mejorar sustancialmente la producción agrícola, lo primero que debemos tener presente es que se necesitan semillas de excelente calidad, de materiales de alta capacidad de rendimientos y de comprobada adaptabilidad en nuestros sistemas suelo-planta-clima-manejo. Si se comienza una siembra con semilla mala, la actividad se dirige al fracaso aún cuando se realice el resto de las prácticas agrícolas de la mejor manera posible.

En el caso del arroz, a pesar de que en general se puede conseguir suficiente semilla de calidad por la facilidad de trabajar con variedades, se considera necesario que tanto los organismos oficiales como algunas agrupaciones de productores, que han venido trabajando por años con el suministro de semillas para los programas arroceros, continúen e incrementen sus trabajos de producción de semilla certificada, así como de desarrollo y evaluación de cultivares para las principales zonas productoras del país.

Las organizaciones gremiales deben continuar también con sus programas de producción comercial de semilla certificada de arroz, en cantidades suficientes para su disponibilidad oportuna al momento del inicio de las siembras. Tanto en Calabozo como en Acarigua se han concentrado estas actividades como parte de los servicios de las Asociaciones de Productores, lo cual es una especie de garantía para que los agricultores obtengan un buen producto. Sin embargo, a estas organizaciones tiene que dársele el apoyo correspondiente para que no les falten las maquinarias y los equipos agrícolas necesarios, así como los insumos requeridos para el cultivo.

Tal como se señaló anteriormente, es fundamental respaldar los programas de selección de variedades ya que en una agricultura moderna y eficiente, permanentemente se requieren nuevos cultivares, nuevos materiales genéticos para ir superando rendimientos, tolerancia a plagas y enfermedades; en definitiva, para poder enfrentar algún problema fitosanitario que aparezca repentinamente y pueda acabar con los programas de un ciclo o más de siembra.

En el cultivo del arroz, en relación a semillas, debemos incluir la evaluación de cultivares de arroz tipo "Basmati", cuyo grano es aromático, de excelente calidad culinaria, ideal para exportar a los mercados europeos y otros, y para popularizarlo en la mesa venezolana. Así mismo, considerar otro aspecto ligado a las semillas de arroz como es el uso de híbridos. Desde hace años los chinos comenzaron a producir híbridos de arroz, lo cual es un proceso bastante complicado. Recuerdo que en una oportunidad visité una empresa en el estado de Texas, USA, donde tenían un programa con unos investigadores chinos, para producir híbridos de arroz y evaluarlos en las condiciones locales. Es conveniente actualizar las informaciones en relación a este tema y si fuesen satisfactorias, incorporarnos a la evaluación de estos materiales en nuestras zonas de producción de este importante cereal, hasta llegar a la siembra comercial de arroz con algunos de estos cultivares.

En el cultivo del sorgo granífero, aunque existen variedades a nivel comercial, la mayor producción se realiza con híbridos. Con este cultivo se inició un intenso programa de mejoramiento genético a comienzos de los años setenta, el cual condujo a la obtención de una serie de cultivares que generalmente superaban, en rendimiento y otras características favorables de adaptación, a los cultivares que se venían importando para la producción nacional de este cereal.

El FONAIAP, hoy INIA, tenía un interesante programa de mejoramiento genético en sorgo granífero y de allí salieron muchos materiales para la producción de semillas certificadas a ser utilizadas en las siembras comerciales. Este programa en la actualidad trabaja a su mínima expresión por falta de recursos, tanto económicos como de personal de relevo que no se formó oportunamente. Paralelamente, la empresa Protinal, C.A. inició sus propios programas logrando producir un sin número de cultivares de este cereal con amplia adaptación a las diferentes regiones del país, con tolerancias a estrés de humedad, a condiciones de acidez del suelo y a determinadas enfermedades.

Aquí vale la pena referir, tal como señalamos en el caso del arroz, la importancia de los programas de mejoramiento genético en la agricultura para enfrentar algún problema fitosanitario repentino, que pueda acabar con un ciclo de siembra completo, poniendo como ejemplo el caso de la enfermedad conocida como "punta loca". Ésta es una enfermedad fungosa que causa daños terribles y apareció de repente en los campos de sorgo del país, rápidamente se trabajó en este aspecto y se pudieron liberar materiales tolerantes a este hongo y evitar que se convirtiera en una epidemia.

Posteriormente, otras empresas privadas desarrollaron sus programas de mejoramiento genético para trabajar con este cereal, aprovechando la violenta expansión que tuvo el sorgo granífero para ser utilizado como grano forrajero en los alimentos balanceados para animales. En la actualidad, muchas de esas empresas junto con Protinal, C.A. tienen estos programas con sorgo granífero en su más bajo nivel, en parte porque el cultivo ha disminuido mucho el área bajo siembra y en parte afectados por la falta de apoyo y todos los problemas que enfrenta la agricultura venezolana.

Además, los materiales genéticos para ser liberados al mercado debían ser evaluados por el INIA (antiguo FONAIAP) en combinación con el SENASEM (Servicio Nacional de Semillas) en su comportamiento a nivel nacional, en lo que se denomina actualmente Ensayos Regionales Uniformes (ERU), y los mejores materiales eran autorizados para su comercialización. Esto era una garantía de la calidad genética de los materiales que llegaban al agricultor. Sin embargo, en la actualidad, estos ensayos prácticamente no se realizan y la falta de recursos es la principal causa.

Todos estos programas de mejoramiento y producción de semillas certificadas en el cultivo de sorgo granífero, deben continuar en todas sus instancias, especialmente si de nuevo este cereal recupera su importancia en algunas regiones agrícolas del país.

El cultivo de maíz, es quizás el más importante del país por la superficie que se siembra y por ser de elevado consumo, tanto en la dieta diaria del venezolano por medio de las arepas, como al ser fuente de carbohidratos en las raciones de alimentos balanceados para animales. Para el consumo humano directo se prefiere el maíz blanco, aunque en algunas zonas del oriente del país consumen mayormente arepas de maíz amarillo. Para ser utilizado en alimentos balanceados, se prefiere el maíz amarillo por su contenido de pigmentos (beta carotenos, xantofila y otros) que de lo contrario deben ser incorporados en los alimentos, especialmente de aves, para el color de su piel y el de la yema de los huevos.

Hasta hace pocos años en Venezuela se sembraba muy poco maíz amarillo, ya que por mucho tiempo se importó un trigo de segunda para utilizarlo en los alimentos balanceados para animales, el cual era una "commodity" muy barata. Posteriormente, en el país se realizaron una serie de trabajos de investigación y evaluación comercial en el cultivo de sorgo granífero que condujeron a que este cereal comenzara a sustituir al trigo. El sorgo granífero tuvo un crecimiento vertiginoso a comienzos de los años setenta, pero luego de un par de décadas la producción nacional se redujo drásticamente. Cuando declina la producción nacional de sorgo, el maíz amarillo se convierte en el principal ingrediente de las fórmulas de alimentos balanceados para animales, importándose en grandes cantidades para satisfacer la demanda y, paralelamente, comienza a incrementarse su producción nacional. De esta manera, el maíz amarillo se convierte en un competidor del maíz blanco en los campos de cultivo.

El maíz amarillo siempre es preferido en las industrias de alimentos balanceados para animales en relación al sorgo granífero, ya que tiene menos taninos y contiene los pigmentos que ya se mencionaron con anterioridad. En el país se comenzaron a producir híbridos de maíz amarillo para satisfacer esa demanda y se han obtenido materiales que junto a los importados, en general, tienen mejor adaptabilidad en el campo y mayores rendimientos que los cultivares de maíz blanco. Eso ha sido causa de que la producción nacional de maíz blanco decaiga en beneficio de la producción de maíz amarillo, sobre todo porque ambos tienen el mismo precio en el mercado nacional.

Actualmente se están importando más de 1.200.000 toneladas de maíz amarillo al año para cubrir las necesidades de lo que denominan granos forrajeros. Por supuesto al crecer la producción de aves y cerdos estas necesidades se harían mayores, por lo que es necesario promover programas de producción de maíz. Para ello, es imprescindible disponer de suficiente semilla de buena calidad.

En relación al maíz blanco, es fundamental que se estimule su producción para que pueda compararse con la situación del maíz amarillo. Es decir, como política agrícola se pudiera asignar un precio al maíz blanco a nivel de agricultor, superior al del maíz amarillo, de tal manera que se equipare el beneficio del productor con ambos cultivos. Eso es importante ya que en los mercados internacionales es difícil conseguir maíz blanco para satisfacer nuestras necesidades, mientras que el maíz amarillo es producido masivamente en todos los países donde este rubro es importante.

En Venezuela, durante las pasadas décadas, por medio del FONAIAP tuvimos una gran tradición en el mejoramiento genético y en el control de la producción de semilla certificada de maíz, especialmente de cultivares de maíz blanco; sin embargo, los programas de mejoramiento se han reducido mucho y algunas fincas dedicadas a la producción de semillas certificadas han sido expoliadas causando trabas a estos procesos. Toda esta organización para la producción de semillas de maíz debe recuperarse para asegurar que los agricultores dispongan de este insumo en la cantidad y calidad requeridas y, muy importante, oportunamente.

Otra opción que debe considerarse es la importación de semillas de empresas trasnacionales, cuyos cultivares se han sembrado con éxito en las diferentes regiones agrícolas de nuestra geografía. Simplemente se importan las semillas o se hacen acuerdos con estas empresas para producir esos cultivares en nuestras condiciones, con nuestros agricultores, tal como se hizo en anteriores oportunidades. En fin, lo fundamental es suministrar a los agricultores una amplia gama de cultivares de maíz de excelente comportamiento, como lo reclaman las condiciones tan variables de los diversos sistemas suelo-clima a nivel nacional.

Con relación al suministro de semillas certificadas de hortalizas y de algunos frutos, y aquí pudiéramos incluir las semillas de especies forrajeras, es necesario apoyar a las empresas que hasta ahora tienen tradición en este negocio, facilitándole las divisas que requieren para importar estos materiales. En este caso, a diferencia de las semillas de cereales, la producción de semillas, especialmente de híbridos, es sumamente especializada y complicada por lo que son materiales que deben importarse. Además, los requerimientos internos son relativamente pequeños por la cantidad de semillas que en general se siembra por unidad de superficie, lo que haría difícil la justificación de programas de producción de semillas de estas especies en nuestras condiciones, los cuales requieren elevadas inversiones.

En el caso de las semillas de especies forrajeras, adicionalmente se puede incentivar la producción interna de algunos materiales. A pesar de ser un proceso bastante exigente para obtener productos de calidad, en el país se han realizado experiencias con relativo éxito. Vale la pena revisar estos logros y analizar su conveniencia.

A las empresas importadoras de estas semillas de hortalizas, de especies forrajeras y de algunos frutos, se les debe exigir la mayor seriedad en la evaluación de los cultivares en nuestras condiciones, para que se seleccionen los que realmente van a favorecer su producción. También es necesario que se organicen estrictos controles en la venta de estos materiales, ya que últimamente se han visto muchas falsificaciones en el mercado venezolano, motivado en parte por los problemas de escasez de los mismos.

Otros cultivos en los cuales la oferta de semillas de calidad y de manera oportuna puede constituir una limitante para su producción en Venezuela, son las leguminosas de grano comestible, especialmente caraota negra y frijol, y algunas oleaginosas, especialmente soya y girasol. En caraota negra y frijol hay que incentivar programas para la producción de semilla certificada, de las variedades de comprobado comportamiento favorable en el país, así como retomar algunos proyectos de mejoramiento genético en estas especies.

En el caso de soya, si se plantearan programas de siembras comerciales de cierta envergadura y continuidad, que es algo que ha fallado con este cultivo, es fundamental que se intensifiquen los programas de mejoramiento genético que mantenía el FONAIAP y organizaciones privadas como Protinal, C.A. y la Fundación DANAC (grupo Polar), entre otras. Así mismo, continuar la evaluación de variedades, especialmente las desarrolladas para el norte de Brasil, y de otros países como Colombia, Ecuador, Argentina, incluyéndolas en los Ensayos Regionales Uniformes (ERU). Finalmente, hay que establecer siembras para la producción comercial interna de semillas, con riego, para asegurar buenos rendimientos y buena sanidad del material producido.

Para los programas de girasol, que pueden ser una buena opción para algunos ciclos en algunas regiones del país, deben hacerse evaluaciones de cultivares utilizando los ERU. Esto es fundamental para definir una zonificación de los materiales más promisorios en los diferentes sistemas suelo-clima donde se vayan a adelantar estos programas comerciales. La prospección de la evaluación económica de los programas con este cultivo es fundamental, y no deben llevarse a nivel comercial hasta tanto no se detecten cultivares que ofrezcan una balanza positiva.

La papa, en relación al suministro de semillas, es un caso muy especial. Durante muchos años, la semilla de papa que se siembra en Venezuela se ha importado principalmente de Canadá. Por alguna razón, siempre las importaciones son tardías y causan disminución en las áreas sembradas y retraso en las fechas de siembra, con las lógicas consecuencias negativas en la producción nacional. Esta situación debe solucionarse para tener una producción suficiente que cubra la demanda interna de este singular alimento. En primer lugar se deben realizar las importaciones de semilla de papa oportunamente y, en segundo lugar, hacer esfuerzos para producir internamente parte de la semilla de papa necesaria para las siembras comerciales que se realizan todos los años, con una calidad que iguale o supere a los materiales importados.

-Fertilizantes

Los fertilizantes representan uno de los insumos más importantes en la agricultura moderna para aspirar a obtener buenos rendimientos de los cultivos. Recordemos que los suelos naturalmente fértiles han sido utilizados por años y, en muchos casos, han sido empobrecidos; además el crecimiento de la frontera agrícola se realiza a expensas de suelos de pobre calidad, que requieren el aporte de nutrientes para obtener plantas sanas y de elevados rendimientos. Por ello, los fertilizantes son insumos fundamentales.

En Venezuela tenemos una industria de fertilizantes que se concentra en la producción de fertilizantes nitrogenados y fosfatados, ya que de estos dos nutrientes tenemos materia prima en el país. El potasio debe ser importado y eventualmente se importa para combinarlo con nitrógeno y fósforo en la producción de fertilizantes complejos N-P-K, lo cual se realiza en la planta de Pequiven Morón.

La industria de fertilizantes nitrogenados de Venezuela, en lugar de crecer en su producción como lo demandaría una agricultura creciente, lo que ha hecho es decrecer en los últimos años a pesar de que recientemente, se ha puesto en funcionamiento parcial una nueva planta de amoníaco y urea en Morón, estado Carabobo. Posiblemente una solución sería repotenciar las plantas de amoníaco y urea más antiguas de Morón y El Tablazo, para incrementar la producción especialmente de urea, para incrementar la capacidad de exportación de este producto y para que se pueda colocar oportunamente en la regiones agrícolas del país. La nueva planta de amoníaco y urea de Morón, de una gran capacidad de producción, aparentemente requiere el suministro de suficiente energía eléctrica para su cabal funcionamiento, lo cual es actualmente una crisis nacional.

Se debe evaluar y, si fuera posible, concluir la infraestructura para producir fertilizantes nitrogenados con inhibidores de la nitrificación, dentro de los cuales la urea, tanto perlada como granulada, serían los productos líderes para el mercado nacional y para la exportación a otros países del continente. La urea granulada con 3,4 DMPP o con cualquier otro inhibidor de la nitrificación de comprobada eficiencia, sería un componente excelente para la preparación de mezclas físicas de fertilizantes, mientras que la urea perlada, permitiría mayor eficiencia en los reabonos nitrogenados.

La planta de producción de fosfatos ubicada en el Complejo Morón ha tenido problemas de mantenimiento, y además, debe enfrentar en el corto y mediano plazo una limitación en el suministro de roca fosfórica, ya que las minas de Riecito en el estado Falcón, que actualmente aportan los fosfatos a esta planta, está agotando sus reservas. Por otro lado, el proyecto para la producción de fosfatos a partir de las rocas fosfóricas de las minas de Navay, en el estado

Táchira, iniciado quizás hace una década, no parece que pueda ser concluido en los próximos años. Todo esto implica que la producción de fertilizantes fosfatados por la industria nacional, no crecerá en el futuro inmediato a la misma tasa en que debería crecer la demanda de nuestra agricultura.

Se debe buscar la alternativa al suministro de roca fosfórica al Complejo Morón. Es posible que haciendo algunas modificaciones en las minas de Riecito se pueda prolongar el suministro de roca fosfórica a Morón durante varios años más. Otra opción sería transportar la roca desde otras minas existentes en el país, para lo cual se debe evaluar las más cercanas al Complejo Petroquímico Morón y que sea viable económicamente su traslado hasta esa planta.

Es urgente evaluar la situación actual del proyecto de la planta de fosfatos de Navay, estado Táchira, y si se demuestra su conveniencia intensificar su construcción.

Los laboratorios de suelos, de tejidos de plantas y de agua, que actualmente ofrecen resultados de diferentes variables, deben ponerse de acuerdo para ofrecer una información homogénea, pero que contemple las determinaciones mínimas que puedan orientar unas buenas recomendaciones o programas de fertilización. Para hacer un buen uso de los fertilizantes, además de estar estos productos disponibles oportunamente en las fincas de los agricultores, se deben hacer programas de fertilización ajustados a las condiciones de cada sistema suelo-clima. Para ello se requiere un buen servicio de los laboratorios de análisis con información suficiente que permita elaborar unas buenas recomendaciones de fertilización, para que todo eso contribuya a que se logren buenos rendimientos de los cultivos y menor contaminación al ambiente.

Una de las grandes soluciones al problema de los fertilizantes como insumos para nuestra agricultura, es referida a las políticas agrícolas, las cuales son en buena parte responsables del mal uso que se hace de los fertilizantes y de la práctica de fertilización de los cultivos en nuestros sistemas suelo-planta-clima. Tiene que ocurrir un cambio drástico en esas políticas que afectan la producción interna de alimentos.

En el pasado, la política de subsidios a los fertilizantes, que aún permanece vigente y a niveles realmente exagerados, ha sido la causa por la cual los productores no siguen las recomendaciones adecuadas para la fertilización de cultivos, ya que cuando hay bonanza se tiende a aplicar dosis mucho más elevadas que las normales debido a la abundancia de fertilizantes y su bajo precio subsidiado, y cuando hay escasez de fertilizantes y de divisas para su importación se tienen que aplicar dosis bajas y de los productos más baratos del mercado y no de los más recomendables en cada sistema suelo-planta-clima. Todo eso conlleva a que se trate este insumo, tan valioso para la agricultura, con el mayor desprecio, en unas situaciones por los agricultores y en otras por los representantes del gobierno, debido a su precio irrisorio, que casi raya en la gratuidad.

Hoy en día el subsidio a los fertilizantes permanece pero su impacto sobre el uso de los fertilizantes es diferente a lo ocurrido en el pasado. Las instituciones oficiales manejan producción, importación y distribución de los fertilizantes para los programas agrícolas. Los grandes consumidores de fertilizantes son los cereales, y para esos cultivos se establecen especies de cupos de fertilizantes. Por ejemplo, en los años pasados se estableció una dosis única para fertilizar arroz, maíz y sorgo granífero, en el orden de 200 kg de una misma fórmula compleja N-P-K/ha, independientemente del sistema suelo-planta-clima. Esto obedece a que siendo un insumo muy subsidiado, ser importado en más de un 40% (año 2015), se convierte en una carga para el estado, por lo tanto, se debe ahorrar. Pero lo insólito por irracional, es que se quiera ahorrar en función de un pésimo uso de los fertilizantes. Esto desvirtúa cualquier recomendación y cualquier esfuerzo que quiera hacerse para mejorar la práctica de fertilización de cultivos en el país.

Por supuesto, una solución para mejorar el uso de los fertilizantes en nuestra agricultura se debe basar sobre el cambio de estas políticas por otras, que permitan que se puedan aplicar programas de fertilización específicos para cada sistema suelo-planta-clima específico, que de nuevo tengan sentido los análisis de suelo, que se consiga de manera oportuna y en cantidades suficientes, una amplia gama de fertilizantes que permitan recomendar soluciones a los problemas que tengan los agricultores, en cuanto a la nutrición balanceada de sus cultivos.

Otro aspecto importante al que se debe prestar atención es que no se están produciendo suficientes mezclas físicas para la fertilización de cultivos. Se debe rescatar el concepto que encierra el uso de este tipo de fertilizante, que sencillamente se refiere a aplicar formulaciones de fertilizantes adecuadas para cada sistema suelo-planta-clima. Para ello, es preciso ampliar el número de plantas mezcladoras tanto oficiales como privadas, distribuirlas estratégicamente en las regiones agrícolas del país, estableciendo programas de mantenimiento y servicio a estas plantas, solicitar los análisis de suelo actualizados confiables y elaborar los programas de fertilización ajustados a cada caso.

Recordar que las mezclas físicas permiten, en primer lugar, elaborar un gran número de formulaciones de manera inmediata, adaptadas a los más variados sistemas suelo-planta-clima; en segundo lugar, permiten preparar formulaciones muy específicas, más concentradas, por lo cual se utilizarían menores cantidades de fertilizantes por unidad de superficie y a un precio inferior al de los fertilizantes complejos.

En cuanto a los fertilizantes especiales, hidrosolubles y de aplicación foliar, se debe facilitar su importación a las empresas que tradicionalmente lo han hecho, con un suministro de divisas suficiente y oportuno para realizar esas importaciones. Así mismo, apoyar a los empresarios nacionales que puedan producir algunos de estos fertilizantes en el país, utilizando parcialmente materias primas de origen nacional, para que aumente la actividad de la agroindustria y se inviertan menos divisas en el suministro de este tipo de fertilizantes.

-Plaguicidas

La solución a las limitaciones en el suministro de plaguicidas para la agricultura debe ser simplemente apoyar a los empresarios que tengan experiencia en la importación, formulación, fabricación de estos insumos. Mientras exista el control de cambio ese apoyo sería básicamente el suministro de divisas, además de aligerar todo lo correspondiente a los permisos necesarios para su importación, fabricación y comercialización, que la burocracia oficial cada vez complica más para este tipo de productos. Entonces, con la situación actual del país, el apoyo oficial es imprescindible para que los agricultores dispongan de la variedad de plaguicidas que necesitan para llevar adelante y con seguridad sus cosechas.

En lo concerniente al uso de plaguicidas en la agricultura, lo cual es constantemente cuestionado por los ecologistas debido a que su mala aplicación puede causar severos daños al ambiente en general y a los humanos en particular, se recomienda un especial apoyo a la producción de plaguicidas biológicos, la cual es una actividad que en el país se ha venido desarrollando desde centros de investigación universitarios y oficiales, y hay particulares que han emprendido la producción comercial de estos productos.

Es recomendable también, que se realicen campañas para educar a los productores en el correcto uso de los plaguicidas, la disposición de empaques vacíos y residuos que pueden ser altamente contaminantes y dañinos para la salud de las familias campesinas. Estas campañas han existido en el pasado y para todas estas actividades hay regulaciones establecidas, las cuales son excelentes si se aplican correctamente pero carecen de importancia mientras no se apliquen y no se haga un control severo de su cumplimiento.

VI.-EDUCACIÓN PARA LA PRODUCCIÓN AGRÍCOLA

La agricultura es una actividad complicada, muy compleja, en la cual intervienen muchos factores de diversa naturaleza y, para que sea exitosa, todos esos factores deben coincidir favorablemente.

He comenzado este capítulo señalando la complejidad de la agricultura, porque estoy seguro que muchos lectores no se imaginan la cantidad de factores que intervienen, para que una planta cultivada llegue a producir rendimientos favorables de alimentos de buena calidad. En una oportunidad, un amigo me preguntaba por qué yo había incluido un capítulo sobre la pólvora en un pequeño libro que escribí y se publicó en el año 2013, titulado: "El potasio, plantas, calambres y pólvora" (Pedro R. Solórzano P. Agrícola Tanausu, C.A. Ed. Cagua, Aragua, Venezuela. 2013), si el potasio para la agricultura era simplemente un nutriente. Como respuesta le leí partes de las páginas 106 y 107 del mencionado libro, las cuales reproduzco a continuación:

"A pesar de todos los adelantos que hay a nivel mundial en materia de explosivos, a la pólvora negra no se le puede quitar su lugar de vanguardia en esta historia, donde ha sido tan especial, que se sigue utilizando principalmente para fabricar cohetes y fuegos artificiales, además de bombas caseras para las revueltas callejeras. Entonces, el potasio, por intermedio del KNO_3 de la pólvora, viene a tener otra utilidad en la agricultura: los cohetes hechos con pólvora los disparan los agricultores en sus campos para espantar pájaros en algunos cultivos. Ésta es otra faceta interesante de la agricultura donde el potasio es protagonista, la cual trataré de exponer de una manera muy sencilla:

Vamos a comenzar diciendo, especialmente para aquellos que aún siguen creyendo que la agricultura es muy simple y solo basta tirar las semillas al campo y luego ir a recolectar la cosecha y venderla, que hasta las aves pueden causar la ruina de un productor agrícola y, magnificando esta situación, se pudiera decir que son capaces de arruinar un país. Quiere decir, que además de insectos, hongos, bacterias, virus, malezas, excesos de lluvia, escasez de lluvia, vientos huracanados, cambios bruscos de condiciones climáticas especialmente en zonas templadas, exceso de oferta en el mercado que baje los precios de los productos cosechados a niveles antieconómicos, malas políticas agrícolas, incendios forestales, inundaciones por desborde de ríos y quebradas, obstrucción de la vialidad agrícola por efectos del clima y por falta de mantenimiento, escasez de maquinaria agrícola, escasez de insumos agrícolas en los momentos más oportunos, desconocimiento de las condiciones de los sistemas suelo-clima, y otros factores que afecten la producción, también las aves pueden ser peligrosos enemigos de las plantas cultivadas.

En Venezuela, cultivos como el arroz y el sorgo granífero son los principales objetivos de unas aves migratorias que vuelan en bandadas tan numerosas que llegan a oscurecer el día, y atacan las plantas cuando están exponiendo sus hermosas panículas, llenas de suculentos granos, de colores abrillantados por la etapa de maduración y los reflejos del sol, se posan sobre las plantas y comienzan a devorar los granos escuchándose el ruido característico de las aves al comer pero multiplicado por millones, y en cuestión de pocos minutos levantan vuelo para dirigirse a otros plantíos, dejando el campo sin producto para cosechar, sembrando la ruina del productor........"

Teniendo claro que la producción agrícola es un proceso bastante complejo, que depende de muchos factores y es necesario aplicar conocimientos derivados de diversas ciencias como física, química, matemáticas, biología, ciencias económicas, geología, bioquímica, etc., los cuales se concentran en la Agronomía; es lógico tener presente que las personas que de una u otra manera apoyan a los productores del campo, tienen que cultivar estos conocimientos. Quiere decir, que esas personas tienen que instruirse en las instituciones que existen para tal fin, las cuales van desde las escuelas prácticas de agricultura hasta las universidades.

En Venezuela se le ha dado mucha importancia a la educación agrícola desde la década de 1930, cuando comienzan a fundarse instituciones con este propósito. Se puede decir que la historia de la educación agrícola formal en el país comienza a principios de esa década con la fundación de la Escuela de Prácticos Agropecuarios, que a partir del 5/12/1936 se denomina Escuela Práctica de Agricultura y Centro de Demostración del estado Aragua. Siempre ha permanecido en la Hacienda La Providencia ubicada entre las poblaciones de Turmero y Maracay, otorgando a sus egresados el título de Perito Agropecuario. Posteriormente se fundaron otras escuelas de este tipo, siendo quizás las más importantes las ubicadas en Agua Blanca, estado Portuguesa y en Maturín, estado Monagas.

Ese mismo sector del estado Aragua, entre Turmero y Maracay, por su riqueza en suelos y aguas fue también el lugar escogido para fundar, en 1938, la primera Escuela Normal Rural del país, específicamente en El Mácaro y, para recibir, en 1947, la Escuela de Demostradoras del Hogar Campesino, que inicialmente se fundó en Caracas en 1939 como Escuela de Agentes de Demostración del Hogar. La Escuela Normal Rural se funda para la formación de los maestros que atenderían, principalmente, la inmensa población rural que existía en Venezuela para la época; mientras que las egresadas de la Escuela de Demostradoras del Hogar Campesino, fungirían como extensionistas para ayudar a mejorar los hogares y las familias campesinas.

A nivel privado, tomemos el ejemplo de la Escuela Agronómica Salesiana, que desde hace muchos años existió en la ciudad de Valencia y otorga títulos de Peritos Agropecuarios. Esta escuela es de gran tradición y ha formado destacados profesionales, pero debido al crecimiento de la ciudad tuvo que ser trasladada a otra área del país. De esta manera, se muda cerca de la ciudad de Barinas, en una extensa zona donde ha continuado su actividad docente, liberando profesionales para contribuir con la agricultura venezolana.

En el año 1937 se crean la Facultad de Agronomía y la Facultad de Ciencias Veterinarias de la Universidad Central de Venezuela, que se inician en Caracas pero al breve tiempo se mudan a Maracay. Posteriormente se crean otras facultades de veterinaria en algunas universidades y facultades de agronomía en Maracaibo en La Universidad del Zulia, en Jusepín en la Universidad de Oriente, en San Cristóbal en la Universidad del Táchira, en Barquisimeto en la Universidad Liisandro Alvarado, en Coro en la Universidad Francisco de Miranda, en Barinas y Portuguesa en la Universidad Nacional Experimental de los Llanos Ezequiel Zamora. También se comienzan a crear Institutos Tecnológicos Universitarios en diversas regiones del país, en la mayoría de los cuales se incluye la educación para la producción agrícola.

Quiere decir que muy temprano en el siglo XX, a la educación agrícola se le comenzó a dar la importancia que requería un país en franco crecimiento, con necesidad de alimentar a una población que se incrementaba aceleradamente. Las escuelas prácticas y técnicas incluyen mucha actividad práctica, de campo, en parcelas experimentales y en fincas de productores aledañas a las escuelas. Las universidades tampoco son ajenas a las actividades de campo, pero además, se imparten profundos conocimientos de las diversas ciencias que participan en la conformación de las Ciencias Agronómicas. Hoy en día, estas universidades también ofrecen cursos de posgrado, a nivel de maestrías, doctorados y diplomados en las diversas áreas de la Agronomía.

Los posgrados han fortalecido la actividad de investigación en las diversas facultades de agronomía, lo cual ha sido de gran ayuda, ya que la investigación es uno de los pilares sobre los que se erigen estas instituciones de educación superior. Los otros pilares los constituyen la docencia y la extensión agrícola, siendo esta última lo que une a la universidad con la realidad que se vive en nuestros campos agrícolas.

Hay otras instituciones cuya orientación fundamental es hacia la investigación agrícola, la principal de ellas quizás sea el actual Instituto Nacional de Investigaciones Agrícolas (INIA), ligado al Ministerio de Agricultura y Tierras, cuya sede principal está en Maracay y tiene dependencias distribuidas estratégicamente en todo el territorio nacional. A lo largo de los años, primero como Centro de Investigaciones Agropecuarias (CIA), luego como Fondo Nacional de Investigaciones Agropecuarias (FONAIAP) y ahora como INIA, allí se han realizado infinitas investigaciones con acertados logros que han contribuido al desarrollo agrícola del país. El INIA, en sus diferentes centros realiza además una importante labor divulgativa y de extensión que contribuye con la educación agrícola del país.

El INIA destaca dentro de sus atribuciones lo realizado por el Servicio Nacional de Semillas (SENASEM) que controla producción, procesamiento, importación, exportación y comercialización de semillas en Venezuela; lo realizado por medio de la Escuela Socialista de Agricultura Tropical (ESAT) que ofrece cursos de doctorado, maestria, diplomados, cursos de ampliación, talleres, etc.; finalmente, lo realizado por la Red de Agrometeorología que recolecta y almacena sistemáticamente parámetros meteorológicos en las principales áreas agrícolas del país. Es oportuno señalar que el SENASEM ha sido eliminado en la nueva Ley de Semillas vigente desde marzo de 2016.

Así como los ejemplos señalados existen otras organizaciones dedicadas a la educación agrícola, que han sido fundadas y han trabajado por años con grandes expectativas de contribuir por esta vía con el desarrollo agrícola del país, pero que han tenido que enfrentar grandes obstáculos para poder lograr sus objetivos. Algunas de ellas incluso tienden a desaparecer como es el caso de la reciente amenaza de invasión del Colegio del Mundo Unido en Ciudad Bolivia, estado Barinas, el cual tiene alcance internacional en la formación de técnicos agrícolas ya que ha visto desfilar por sus instalaciones a estudiantes de todas partes del mundo. El deterioro de la educación agrícola en Venezuela es progresivo y con el actual régimen ha llegado a niveles inesperados, ya que los gobernantes del socialismo del siglo XXI le tienen aversión a todo lo que trata sobre educación, instrucción o academia.

ALGUNAS SOLUCIONES

La educación agrícola en Venezuela, al igual que todas las actividades educativas, ha ido desmejorando por varias razones. Una de las de mayor peso ha sido el abandono del apoyo material oficial que es indispensable cuando se imparte una educación gratuita. Esto ha afectado la calidad de la infraestructura y las dotaciones de material de apoyo como son sillas, pupitres, escritorios, papelería, bibliotecas, laboratorios, artículos deportivos y otros. También ha afectado el salario de los docentes que permanentemente ha sido olvidado y la inflación lo va desmejorando sustancialmente, motivando, especialmente a nivel universitario, el éxodo de profesores e investigadores hacia otras áreas o, peor aún, hacia otros países.

Además de la falta de recursos, que deben ser parcialmente suministrados por el gobierno, ha ocurrido un saqueo de algunas instituciones. Es el caso de algunas estaciones, campos experimentales y campos de producción comercial que ayudan al ingreso de recursos para las instituciones correspondientes, que han sido invadidas y sus bienes repartidos o deteriorados. Hay información sobre las invasiones y en algunos casos confiscaciones de estaciones experimentales de las facultades de Agronomía y Veterinaria de la U.C.V., de las instalaciones de edificios y campos experimentales y de trabajo del Colegio del Mundo Unido y de la amenaza sobre la Escuela Agronómica Salesiana de Barinas.

Por supuesto, todos los afectados han realizado los reclamos correspondientes ante las autoridades respectivas y, como todo con este régimen, no han tenido respuesta y en muchos casos ni siquiera han sido atendidos. Estas propiedades tienen que ser devueltas a las diversas instituciones para que continúen cumpliendo sus funciones docentes y de investigación, tan necesarias en el área agrícola.

Los presupuestos solicitados anualmente al gobierno nacional por las escuelas que intervienen en la educación agrícola venezolana deben ser aceptados y cubiertos una vez que se evalúe su contenido, para asegurar el funcionamiento cabal de esas instituciones. Los sueldos y salarios del personal que labora en estas organizaciones tiene que revisarse y ajustarse con la frecuencia que dicte el movimiento económico del país, para evitar la renuncia de esas personas en la búsqueda de mejores oportunidades y para promover el retorno del personal que se ha marchado, el cual tiene una sólida formación académica, para mantener la excelencia de la educación que allí se imparte.

Otra razón de mucho peso en la pérdida de calidad en la educación agrícola es referida a los contenidos programáticos. Así como esto afecta a los infantes que al comenzar su vida escolar le cambian la historia o se la tergiversan, en la educación agrícola han tratado de eliminar el pensamiento universal, crítico, analítico. He tenido experiencias de este tipo en seminarios, talleres, conferencias y otras actividades divulgativas, en los cuales por ejemplo, nombrar las palabras plaguicida químico o fertilizante químico es una ofensa a la naturaleza, y de esto han logrado convencer a muchos jóvenes egresados de las escuelas donde se imparte educación agrícola.

Me referiré brevemente al caso de los fertilizantes ya que es sobre lo que más he estudiado y escrito. Para comenzar, los nutrientes que se aplican en los fertilizantes, con excepción del nitrógeno, son derivados de los minerales que existen en la corteza terrestre. Esos minerales se meteorizan, se descomponen y liberan los nutrientes que luego pueden ser aprovechados por las plantas. De allí se alimentan las plantas que crecen en esos ecosistemas en equilibrio con la naturaleza, donde ocurre un reciclaje permanente de esos nutrientes que no son cosechados. Es decir, no son retirados de los campos con ningún tipo de cosecha.

Cuando se limpia un campo para ser cultivado, cada vez que cosechamos el producto alimenticio o comercial de esas plantas, estamos retirando los nutrientes que contienen. Con esto se rompe el equilibrio que existía y el suelo, en cada cosecha, se va empobreciendo hasta llegar un momento en el cual no puede sostener la población de plantas cultivadas. En ese momento, debemos aplicar esos nutrientes para devolverlos al suelo y que las plantas puedan nutrirse adecuadamente. Esos nutrientes se aplican en los fertilizantes, que pueden ser orgánicos o químicos.

Si queremos aplicar fertilizantes orgánicos, por ejemplo un estiércol de ganado que puede contener 5% de los nutrientes esenciales para las plantas, y tenemos un cultivo de maíz con un requerimiento de 250 kg de nutrientes por hectárea, debemos aplicar 5.000 kg de estiércol/ha, o sea, 5 toneladas/ha. Si vamos a sembrar 500.000 hectáreas de maíz en los programas de cualquier año en Venezuela, se requerirían 2.500.000 toneladas que son 2.500.000.000 kg de estiércol. ¿Cómo vamos a reunir tal cantidad de estiércol? ¿Cómo lo vamos a movilizar por todo el territorio nacional? Una gandola puede transportar 20 toneladas debido a la baja densidad del estiércol, entonces se necesitarían 125.000 gandolas al año. ¿Cómo vamos a aplicar ese producto en el campo y en cuanto tiempo? Esta es una tarea prácticamente imposible.

La misma operación anterior con un fertilizante químico que contenga 60% de nutrientes esenciales, resulta en aplicar 417 kg de fertilizante por hectárea. Para 500.000 hectáreas se requerirían

208.500 toneladas que se movilizarían con 6.950 gandolas por año (30 toneladas cada una).

Los fertilizantes químicos, con excepción de los nitrogenados, son productos que existen en la naturaleza, ya que el hombre explota los yacimientos de estas sales, las purifica, las concentra, las puede modificar, para producir los diversos fertilizantes. Los productos nitrogenados, por otro lado, se fabrican a partir de la síntesis del amoníaco con el nitrógeno del aire y el principal representante es la urea. Muchos defensores de la naturaleza odian la urea, pero sin razón ya que es una molécula orgánica que el hombre aprendió a sintetizar. Cada vez que orinamos aportamos urea al ambiente, ésta se descompone produciendo amoníaco al igual que la urea sintética. Entonces todos los fertilizantes químicos de una u otra manera son productos naturales y, en el ambiente, sus nutrientes tienen el mismo destino que los nutrientes provenientes de los fertilizantes orgánicos.

En conclusión, en la actualidad los fertilizantes químicos, al igual que los plaguicidas con los cuales se pudiera hacer un análisis similar, se pueden considerar indispensables en una agricultura que reclama producir alimentos para una población mundial que crece vertiginosamente todos los días, en unos suelos que cada vez son más pobres y con mayores problemas de malezas, plagas y enfermedades. Por lo tanto, en los recintos donde se imparte educación agrícola, es fundamental tratar a profundidad estos temas, destacando cómo utilizar estos insumos de la manera más eficiente posible.

No puede formarse gente para la agricultura si no se le informa cabalmente sobre los fertilizantes y los plaguicidas. Es urgente revisar todos los contenidos programáticos, a todos los niveles, para orientarlos hacia las necesidades de una agricultura actual, moderna, ya que las limitaciones son muchas y pueden ir mucho más allá de estos insumos. Por ejemplo, recuerdo mi sorpresa cuando me enteré que en la Facultad de Agronomía de la U.C.V., los egresados con especialización en Fitotecnia no habían tenido en su pensum, como materia obligatoria, un curso sobre Forrajicultura. No sé si ese pensum es actualmente el oficial en dicha escuela, pero cosas como ésta deben revisarse y mejorarse.

El INIA, como institución oficial, debe volver a ser líder nacional en la investigación agrícola y en las otras actividades para lo cual fue creado. Sus instalaciones recuperadas, sus laboratorios equipados, su personal satisfecho con el trabajo que pueden realizar y por el trato que reciben, tanto en lo personal como en lo institucional. En fin, todas las organizaciones dedicadas a la educación y la investigación agrícola en Venezuela y su personal, deben recuperar su tradicional categoría, su prestigio, para que realmente sean de importancia en el desarrollo agrícola nacional, tan necesario ante tanta escasez de alimentos y tanta pobreza que ha retornado a la vida campesina del país.

VII.-UN SERVICIO DE EXTENSIÓN AGRÍCOLA Y DE ASISTENCIA TÉCNICA

La extensión agrícola y la asistencia técnica en el campo ha sido ofrecida en Venezuela por diversas organizaciones y, en los últimos años, ante la ausencia de un organismo oficial que pudiera coordinar todas estas actividades, lo poco que se brinda a los productores es ofrecido por algunas universidades e institutos tecnológicos, y por las pocas empresas privadas que aún permanecen suministrando insumos para la agricultura y realizando labores de asistencia técnica.

En el anterior capítulo se habló de las Demostradoras del Hogar Campesino, las cuales fueron de los primeros grupos que fungieron como agentes de extensión en los hogares campesinos y, aunque su labor estaba dirigida hacia el mejoramiento de las amas de casa y el bienestar de las familias campesinas, no dejan de ser importantes como extensionistas en nuestro mundo agrícola.

En la estructura del antiguo Ministerio de Agricultura y Cría (MAC) existía una Dirección

General de Extensión Agrícola, la cual tenía
secciones y personal entrenado para las actividades
de extensión en todas las oficinas del MAC,
distribuidas en todo el territorio nacional. Esa
Dirección General fue eliminada hace varios años y
nadie tomó la responsabilidad de esta actividad tan
importante para la agricultura.

La extensión, el extensionista o agente de extensión
agrícola, representa la conexión directa de los
centros donde se imparte educación e investigación
agrícola y de las empresas que ofrecen insumos
para esta actividad, con los productores. La
extensión es la ligazón de los avances de la ciencia
y la tecnología con los productores, la cual
funciona en ambos sentidos. Por un lado el
agricultor informa al extensionista de algún
problema en sus cultivos y éste le busca solución,
personalmente o acudiendo a los centros donde
puede conseguir las respuestas correspondientes,
llevando luego al agricultor la solución encontrada.
Por otro lado, el agente de extensión le informa al
agricultor acerca de las novedades que van
apareciendo en los centros de investigación
agrícola para el mejoramiento de la productividad,
para administrar mejor su negocio, para proteger
cada vez más el ambiente, trata de convencerlo y el
agricultor pone en práctica esos avances.

Las labores de extensión agrícola no solo son beneficiosas para el agricultor y la agricultura, sino también para la programación de actividades en los centros de investigación. La búsqueda de respuesta a problemas particulares de un productor, o problemas que afectan a un cultivo, o a una región o al país entero, lleva al agente de extensión a informar en los centros de investigación agrícola del problema en cuestión. Si existe la solución, el extensionista la lleva al productor, de lo contrario el instituto de investigación puede programar algunas líneas que le permitan encontrar esa solución. Es una labor coordinada, donde la presencia del agente de extensión es fundamental, lo que significa que para tener una agricultura próspera debe existir en el país un efectivo servicio de extensión agrícola.

Una vez que el extensionista tiene una respuesta para un problema particular de un agricultor, procura explicarle la solución de manera teórica o práctica, o teórica-práctica según sea la naturaleza de dicha solución. Cuando la respuesta es a un problema que va más allá de un agricultor aislado, el extensionista debe explicar la solución recurriendo a otras opciones como pueden ser talleres, seminarios, demostraciones, días de campo, donde él participa en conjunto con los especialistas e investigadores que sean necesarios y donde el público que asiste son los agricultores interesados.

En la actividad de extensión agrícola también se recurre a esas herramientas de información multipersonal, en especial a los días de campo, cuando se quiere mostrar a los productores nuevos cultivares o material genético de una determinada especie cultivada, o nuevos productos para la protección de sus cultivos, o nuevas metodologías para la realización de una determinada labor, etc. Los días de campo generalmente se realizan en la finca de un agricultor estratégico para la divulgación del objetivo principal, pero también se pueden realizar en campos experimentales, en laboratorios e invernaderos, o en cualquier sitio que se considere el más apropiado. En estas oportunidades se hacen presentaciones de los materiales o productos mediante charlas y luego demostraciones en el campo, o en vivo en el sitio seleccionado, observando siembras o tratamientos realizados especialmente para ello, según sea el caso. Todos los presentes tienen la ocasión de hacer todas las preguntas que consideren necesarias para aclarar cualquier duda en relación al tema. Generalmente, los días de campo se complementan con la distribución de material escrito y gráfico, que contenga descripciones y explicaciones para el uso de todos los productos presentados en la actividad.

Otra herramienta de la extensión agrícola lo constituye un buen material divulgativo, que explique de la manera más sencilla posible, tanto en forma escrita como gráfica, cómo realizar determinadas actividades agrícolas, que pueden ir desde la labor más sencilla hasta la descripción de todo el ciclo de cultivo de una determinada especie vegetal. También deben existir órganos divulgativos de publicación periódica, que informen sobre lo cotidiano de la actividad agrícola nacional y mundial.

Actualmente en Venezuela, la poca actividad que se puede considerar de extensión en el campo agrícola por parte de entes oficiales, está orientada más que todo hacia el adoctrinamiento de la población en un esquema de gobierno y no hacia lo que realmente es específicamente importante para la agricultura. Para apoyar la producción agrícola interna tiene que existir una verdadera actividad de extensión, que abarque todos los aspectos de su competencia de una manera formal y eficiente.

ALGUNAS SOLUCIONES

Definitivamente, ante la ausencia de un organismo oficial dedicado a la extensión agrícola, es perentorio organizar en el país un verdadero Servicio de Extensión Agrícola y Asistencia Técnica, que permita crear un vínculo fuerte y permanente entre el productor del campo y las instituciones de investigación y educación agrícola, así como con todas las actividades comerciales que van desde la adquisición de los recursos para la producción hasta la venta de la cosecha.

El Servicio de Extensión Agrícola y Asistencia Técnica pudiera ser una dependencia del Ministerio de Agricultura, o pudiera ser un instituto autónomo, o vinculado a cualquier otra instancia gubernamental, pero lo importante es que tenga una estructura y una organización que le permita cumplir cabalmente su misión. Debe existir una oficina central donde se encuentren sus directivos y donde se produzcan las políticas que van a orientar esta actividad en el país. Además, en las oficinas regionales del ministerio que funcionan en cada estado, o en un local independiente, debe existir una sección o departamento del Servicio de Extensión Agrícola y Asistencia Técnica que pueda atender con prontitud las necesidades presentadas por los productores, en forma individual o por medio de sus asociaciones respectivas.

Se pueden organizar oficinas regionales que comprendan varios estados vecinos con cultivos, sistemas suelo-planta-clima-manejo y algunas actividades correlacionadas, desde donde se coordinen los esfuerzos del servicio de extensión en cada región. En estas oficinas debe contarse con el apoyo de especialistas en disciplinas comunes a los cultivos, como por ejemplo especialistas en combate de malezas, fitopatólogos, entomólogos, especialistas en fertilización de cultivos, en mecanización, etc. Si en las oficinas regionales del ministerio no existieran tales especialistas, debe recurrirse a las universidades u otras instituciones de investigación cercanas que cuenten con personal de esta categoría. Lo importante es que todos aquellos que participen en este servicio estén convencidos de la proyección e influencia que deben tener hacia los agricultores, especialmente los agentes de extensión, que tienen que ser preparados técnicamente y en sus relaciones interpersonales para ganarse la confianza de los productores asistidos.

El personal técnico que va a laborar en el Servicio de Extensión Agrícola y Asistencia Técnica debe ser minuciosamente seleccionado. Para las posiciones directivas y de coordinación deben ser profesionales de comprobada experiencia e intachable trayectoria profesional. Los que van a desempeñarse como agentes de extensión, tienen que recibir una instrucción específica para que puedan cumplir cabalmente sus funciones. Estas jornadas de instrucción y de selección de personal pueden desarrollarse de la siguiente manera:

-En primer lugar, se hacen convocatorias de personal para determinadas regiones con algunas exigencias curriculares, preferiblemente que sean de la región donde vayan a trabajar, que estén establecidos en el lugar de trabajo, lo que les da mejores condiciones para su vida familiar y para la interrelación con los agricultores de cada región.

-De ese personal convocado se hace una primera preselección sobre la base de sus credenciales y estas personas reciben, en un período de formación, cursos para el desarrollo de relaciones interpersonales que favorezcan su trato con los productores y luego la instrucción técnica necesaria.

-El desarrollo o afianzamiento de actitudes personales para el trato del extensionista con los agricultores, se implementa con alguna institución de educación que se especialice en esta área y es la misma para todos los individuos seleccionables para trabajar en el servicio. Se pueden organizar cursos por regiones para facilidad de la asistencia y atención de los candidatos.

-Sobre la base de los curricula y de los resultados de la actividad del punto anterior, se realiza una preselección de candidatos elegibles para agentes de extensión agrícola.

-La instrucción técnica o ampliación de los conocimientos para los candidatos preseleccionados, se debe realizar contratando los servicios de las universidades regionales que puedan ofrecer este servicio. En esta instrucción se incluyen especialistas y profesionales de las diferentes áreas de la agronomía y en cultivos, ya que para los que serán agentes de extensión la instrucción puede realizarse por cultivos, considerándola de manera personal o agrupando a aquellos que serán asignados a zonas donde predominan los mismos cultivos, que se destacan por la superficie que ocupan o por su importancia económica.

Por ejemplo, un agente o grupo de agentes que van a ser asignados a Calabozo, tienen que recibir prioritariamente instrucción sobre los sistemas suelo-planta-clima-manejo de la región y en el cultivo del arroz con los sistemas de producción predominantes en ese cultivo. Para ello se requiere un instructor o instructores que dominen todo lo relativo a la importancia del cultivo y a todas las prácticas agronómicas que se aplican en los campos de producción comercial, en la producción de semillas, la selección de los cultivares, el tratamiento pos cosecha y la colocación de la misma.

De esa manera, los candidatos a extensionistas en el área de influencia de Calabozo en el estado Guárico, además de conocer los secretos de la producción regional del cultivo del arroz, van a recibir una instrucción bastante completa de las características de los suelos predominantes en la región, de las características del clima y sus variaciones a lo largo del año, de las fuentes de agua disponibles para la producción, de tal forma que comprendan a cabalidad cual es el mejor manejo que se puede aplicar a la agricultura regional con esos recursos disponibles.

Según la capacidad de cada instructor, éste puede estar acompañado en esta labor por especialistas en combate de malezas, plagas y enfermedades, en el manejo de la fertilización y de suelos en general y en otras áreas que se considere necesario en cada caso. Todo esto suplementado con una actividad vivencial del aspirante en una finca de un productor colaborador, a lo largo de por lo menos un ciclo de cultivo completo.

En este ejemplo, el aspirante además de recibir prioritariamente la instrucción completa y profunda en el cultivo del arroz, también debe recibir instrucción en otros cultivos de importancia en esa zona, como pudiera ser, para Calabozo, la producción de forrajes y hasta producción de peces en lagunas. Esto tiene que evaluarse para cada zona, de tal manera que los extensionistas puedan colaborar en las diferentes actividades agrícolas que allí se desarrollan. En caso de zonas muy extensas y muy complicadas, es necesario que exista un equipo de extensionistas y, que entre todos, tengan la capacidad para asistir a los productores en cualquier problema que se les presente en cualquier rubro.

Durante el avance de esta etapa de instrucción se realiza una evaluación continua de los candidatos, que permita seleccionar sobre la marcha a los más adecuados, a los que muestren mejores condiciones personales y técnicas para el trabajo que realizarán, para evitar la pérdida de tiempo y esfuerzo en una actividad que es por demás costosa para el gobierno.

En la oficina central del Servicio de Extensión Agrícola y Asistencia Técnica se debe realizar todo lo relativo a publicaciones y material divulgativo en general, para lo cual es preciso contar con personal capacitado en esta materia, o contratar este servicio con alguna oficina especializada. En el país existe experiencia en esto, basta con recordar ejemplos como la publicación El Agricultor Venezolano o toda la trayectoria que tuvo el Consejo de Bienestar Rural (CBR) en estas actividades. Por supuesto, hoy en día, es fundamental incluir el mundo de internet para estas actividades de instrucción y divulgación.

Una opción para que el Servicio de Extensión Agrícola y Asistencia Técnica no represente una organización burocrática en exceso, sería combinarlo con oficinas privadas de asistencia técnica a los agricultores. Esto se ha practicado con anterioridad en el país con evidente éxito por lo que vale la pena revisarlo y considerarlo.

Un ejemplo de la asistencia técnica privada en la agricultura venezolana se implementó como parte del PRA, que son las siglas de Programa Racional Agrícola. Recuerdo que éste fue un programa llevado a cabo por la empresa Protinal, C.A., e instrumentado para la producción de sorgo granífero principalmente en los estados Guárico y Barinas en los años setenta. En estos casos la asistencia técnica debe ser pagada por el agricultor, se considera un costo de producción y así se incluye en los programas crediticios.

Esas empresas de asistencia técnica estarían conformadas por un grupo de agrotécnicos, quienes también recibirían la debida instrucción para poder apoyar adecuadamente a los agricultores. Para poder ejercer sus funciones, la calidad de los profesionales que forman parte de estas empresas será evaluada y aprobada por el Servicio de Extensión Agrícola y Asistencia Técnica y la supervisión de sus actividades pudiera ser responsabilidad de las oficinas regionales del mismo servicio.

Si en algún momento se llegase a establecer que la venta de los biocidas de uso en agricultura, que tienen restricciones debido a su elevado grado de toxicidad para la vida de humanos, animales domésticos y fauna silvestre, tiene que estar autorizada por personal profesional del agro, debidamente acreditado ante las instancias oficiales que se seleccionasen para ello, estas empresas de asistencia técnica también pudiesen ocuparse de realizar estas funciones.

Finalmente, es recomendable estudiar el funcionamiento de algunos servicios de extensión exitosos en el mundo como es el caso del Servicio de Extensión del Departamento de Agricultura de los Estados Unidos, o lo existente en países vecinos como Brasil y Colombia, o cualquier otro conocido que pueda ser de interés para la agricultura venezolana.

VIII.-INVESTIGACIÓN PARA LA PRODUCCIÓN AGRÍCOLA

Lo que aquí he denominado Investigación para la Producción Agrícola, tiene que ser realizado principalmente por las universidades nacionales. Mucho se ha escrito en relación a la investigación en las universidades y su importancia, entre otras cosas, para apoyar a la salud de los ciudadanos, a la industria nacional, al uso racional de los recursos naturales renovables y a la docencia, entre otros.

Las universidades, especialmente por medio de los hospitales universitarios son centros para la formación, entrenamiento y especialización de profesionales de la medicina, pero también donde, por medio de la investigación científica y aplicada se desarrollan o se evalúan innovaciones para el tratamiento y cuidado de la salud de los venezolanos. En el caso de la salud también se apoya a la industria farmacéutica.

En relación al apoyo a la industria, nuestras universidades son centros de desarrollo y evaluación de tecnologías y de materiales útiles para diversas áreas industriales, como son la industria farmacéutica con lo cual también se apoya la salud de los ciudadanos, las industrias metalúrgica y metal mecánica, las industrias petrolera y minera en general, la industria maderera, de la construcción, la agroindustria, etc.

En el caso del uso racional de los recursos naturales renovables, se enfocan particularmente en el desarrollo y evaluación de prácticas conducentes al uso y conservación de suelos y agua, de la flora y fauna silvestres. En el caso de la investigación para apoyar la docencia, se deben realizar evaluaciones que conduzcan a la generación de información, que permita apoyar las explicaciones y disertaciones en determinados aspectos de las disciplinas curriculares.

En fin, las universidades en contacto con la realidad nacional, son receptoras de las necesidades que pueda tener nuestra sociedad productiva y, por mutuos acuerdos, desarrollar las líneas de investigación que permitan obtener resultados para satisfacer esas necesidades.

La investigación para la producción agrícola, realizada en nuestras universidades y en centros de investigación como INIA, IVIC y otros, además de cubrir las curiosidades propias de los investigadores, debe estar orientada a la búsqueda de soluciones para el mejoramiento de la productividad en el campo venezolano, con la utilización de los recursos naturales disponibles de la manera más racional posible, en la mayoría de los casos a solicitud de los mismos productores según sus necesidades detectadas en campo. En este sentido, además de las solicitudes muy particulares de los agricultores y a manera de orientación, se pueden señalar diversas áreas para la investigación agrícola, algunas de las cuales pueden ser las siguientes:

ALGUNAS ORIENTACIONES (SOLUCIONES)

-Mejoramiento genético de especies cultivadas y desarrollo de las tecnologías para la producción comercial de semillas certificadas

Ésta es una de las áreas mundialmente más importante en lo que se refiere a investigación agrícola y donde se aplica mucha biotecnología. Diariamente están colocándose en el mercado mundial nuevos cultivares de diferentes especies, de los cuales, aquellos que puedan tener interés para nuestra agricultura, deben ser evaluados en las diferentes regiones agrícolas del país con potencial para la producción de ese cultivo. Además, todos los centros de investigación agrícola del país que tienen programas de mejoramiento genético, deben trabajar arduamente para obtener nuevos cultivares adaptados a determinadas condiciones existentes en nuestros agrosistemas, con mayores potenciales de rendimiento o para superar alguna situación estresante que afecte el crecimiento y desarrollo de las plantas.

En el país existen programas de mejoramiento genético en instituciones oficiales como el INIA, en las facultades de agronomía de las diversas universidades y en algunas empresas o dependencias privadas. Por ejemplo, el INIA ha tenido por décadas programas de mejoramiento en maíz y sorgos (tanto granífero como forrajero) con excelentes resultados; lo mismo en algodón, leguminosas de grano comestibles, forrajes y soya, entre otros. Lo mismo ha ocurrido con las facultades de agronomía, en las cuales se conducen programas de mejoramiento genético de variados cultivos, en algunos casos aplicando tecnologías muy modernas.

En la actividad privada dentro de esta área, vale la pena destacar los programas que, principalmente en los cereales maíz y sorgo granífero, han conducido desde hace muchos años Protinal, C.A., un grupo de semilleristas reunidos conjuntamente con Agroisleña, C.A. en la empresa SEHIVECA, la Fundación DANAC del Grupo Empresarial Polar y otros. Tanto Protinal, C.A. como Fundación DANAC, también han descollado con sus programas de mejoramiento genético de la soya, de los cuales se han obtenido varios cultivares de mucho éxito en los pocos programas comerciales que se han llevado a cabo con este importante cultivo.

-Desarrollo de biocidas (insecticidas, herbicidas, fungicidas) de origen biológico y de la tecnología para su producción y uso comercial

Las voces de alerta en relación a la contaminación del ambiente han propiciado que, al menos en la actividad agrícola, se mantenga una búsqueda constante de organismos capaces de controlar el desarrollo de otros organismos que puedan ser perjudiciales para las plantas cultivadas. Así, se han encontrado insectos parasitoides de otros insectos, hongos capaces de parasitar y eliminar algunos insectos perjudiciales a los cultivos, hongos que controlan la vida de otros hongos patógenos, y así cada día se descubren nuevos ejemplares que puedan contribuir con el control biológico de plagas y enfermedades de importancia económica en la agricultura.

En la actualidad, en el INIA, en las universidades y en empresas privadas se desarrollan y producen comercialmente algunos de estos organismos, de tanta importancia para ayudar en el combate de esas amenazas permanentes de los cultivos como son insectos y organismos patógenos, capaces de afectar sustancialmente los rendimientos y hasta de acabar completamente con campos de siembras comerciales.

-Evaluación y búsqueda de procesos y microorganismos útiles en la fertilización biológica y desarrollo de tecnologías para su producción y uso comercial

En este punto debemos comenzar por aclarar conceptos, ya que existe confusión en relación a lo que son fertilizantes orgánicos, biofertilizantes y fertilización biológica. Este último término lo he tratado de utilizar en lo personal, porque me parece el más adecuado para tratar estos aspectos y deslindarlo del concepto de fertilizantes. Lo he definido de la siguiente manera: "Fertilización biológica es la utilización y mejoramiento de procesos o fenómenos naturales donde intervienen seres vivos, capaces de servir como fuentes de nutrientes para las plantas cultivadas o que sirvan para mejorar la disponibilidad y aprovechamiento de esos nutrientes esenciales por parte de las plantas".

Actualmente, debido a criterios de protección del ambiente y al incremento en los precios de los fertilizantes químicos, ha tomado mucha importancia la exploración de otras vías para suministrar nutrientes a las plantas, dentro de las cuales está el uso de fertilizantes orgánicos o biofertilizantes y la aplicación de la fertilización biológica. Esta última tiene gran importancia en el suministro de los nutrientes nitrógeno (N) y fósforo (P) a las plantas.

El nitrógeno (N) es el nutriente que la mayoría de las especies cultivadas acumulan en mayor cantidad en sus tejidos, considerándose que es común un requerimiento de 100, 200 ó hasta más de 300 kilogramos de nitrógeno por hectárea durante un ciclo de cultivo que se extienda por 3 ó 4 meses. Como ya sabemos, todo el nitrógeno en la naturaleza proviene del aire, el cual contiene alrededor de 78% de N, pero para ser utilizado por las plantas que son sus consumidores primarios, tiene que ser fijado al suelo.

Este nitrógeno del aire puede llegar al suelo por diversos mecanismos naturales, o se puede fijar artificialmente, tal como se realiza en la industria de fertilizantes para luego ser aplicados al suelo. Entre los mecanismos naturales, ocurre una fijación de N atmosférico al suelo por medio de organismos vivos, la cual se conoce en su concepción amplia como fijación biológica de nitrógeno, aplicándose el término "fertilización nitrogenada biológica" a la promoción y mejoramiento de ese fenómeno natural para que sirva como fuente de nitrógeno a las plantas cultivadas.

Hasta el momento, el principal mecanismo de fijación biológica de N atmosférico al suelo es el que ocurre de la simbiosis entre plantas de la familia de las leguminosas y bacterias del género *Bradyrhizobium*. También existe fijación biológica por otros organismos asociados a otras especies vegetales, aunque no en simbiosis, y la fijación por organismos de vida libre.

La simbiosis entre raíces de leguminosas y las bacterias *Bradyrhizobium* produce unos nódulos como resultado de la infección bacteriana y esos nódulos son los sitios de fijación y reducción del nitrógeno atmosférico (N_2). La planta puede utilizar este elemento y las bacterias utilizarán productos elaborados por la planta, es una perfecta simbiosis que además es muy específica en lo que respecta al tipo de bacteria. Es decir, cada especie vegetal es efectivamente infectada por una especie particular de *Bradyrhizobium*. Por ejemplo, en la soya (*Glycine max*), debido a la especificidad de la simbiosis, solamente el *Bradyrhizobium japonicum* es capaz de producir nódulos eficientes para la fijación de nitrógeno.

Este fenómeno existe en todas las leguminosas, cultivadas o silvestres, pero en las especies cultivadas se ha mejorado la selección de cepas de bacterias muy específicas, adaptadas a diferentes condiciones ambientales, y se han desarrollado métodos de inoculación muy eficientes, de tal manera que se espera una abundante y efectiva nodulación de las plantas cuando la semilla es adecuadamente tratada o inoculada con el *Bradyrhizobium* específico; es decir, cuando se realiza adecuadamente la fertilización biológica.

En conclusión, se considera indispensable realizar la inoculación de las leguminosas cultivadas, lo cual es una práctica sencilla, natural y más económica que el uso total de fertilizantes nitrogenados químicos. Si no se inocula y se deja de aprovechar este fenómeno natural, el agricultor estará en la necesidad de aplicar altas cantidades de fertilizantes nitrogenados, porque las leguminosas tienen altos requerimientos de N, lo que causaría un incremento considerable en los costos de producción, poco beneficio de las leguminosas como cultivos mejoradores del suelo para siembras consecutivas, además de aumentar las probabilidades de contaminación del ambiente por excesos de nitratos.

Además de la simbiosis entre leguminosas-bradirizobios para la fijación de N_2, existe fijación no simbiótica por organismos de vida libre y asociados a algunas especies vegetales, lo cual puede ser de importancia agronómica. Una de las más importantes es la asociación a nivel de rizósfera entre *Azospirillum* y las raíces de algunas gramíneas tropicales y, a pesar de la gran variabilidad en la magnitud del N_2 fijado, se le ha prestado mucha atención por su potencialidad en el suministro de N a algunos cultivos. Todos estos procesos continúan bajo constante estudio y evaluación para tratar de mejorarlos, hacerlos más eficientes, y buscar vías para poder utilizarlos en lo que hemos denominado fertilización nitrogenada biológica.

El fósforo (P) es otro nutriente esencial para las plantas, ubicado en la categoría de macronutriente por las cantidades relativamente altas que requieren la mayoría de los cultivos, que a pesar de no ser tan altas como las de N, las dosis de fertilizante que se deben aplicar al suelo son elevadas porque parte del P en los fertilizantes se hace temporalmente no aprovechable para las plantas, al sufrir unos procesos que se conocen en conjunto como fijación de fosfatos en el suelo. Por ello, los estudios o investigaciones orientadas hacia la fertilización fosfatada biológica son de gran importancia.

La fertilización biológica, en el caso del fósforo, tiene dos vías fundamentales; una basada sobre el uso de microorganismos que tienen la capacidad de solubilizar fosfatos de baja solubilidad, para ponerlos a disposición de las plantas; la otra, correspondiente al uso de micorrizas para infectar las raíces de las plantas y aumentar su capacidad exploratoria del suelo, de tal manera que puedan estar en contacto con mayor volumen edáfico y consecuentemente puedan alcanzar mayores cantidades de fósforo en la solución del suelo.

Existe una gran variedad de microorganismos del suelo capaces de solubilizar fosfatos, hongos de los géneros *Aspergillus* y *Penicillium* y bacterias de los géneros *Pseudomonas*, *Rhizobium* y *Bacillus*. Además de su efecto solubilizador de P, estos microorganismos pueden contribuir a elevar la eficiencia de los fertilizantes químicos, producir sustancias que estimulan el crecimiento de las plantas o que tengan efecto antagónico sobre otros microorganismos patógenos.

Las bacterias solubilizadoras de P (BSP) generalmente están presentes en los suelos, pero sus poblaciones no son suficientes para poder competir con otros microorganismos que abundan a nivel de la rizósfera de las plantas, por lo que para obtener una solubilización de P efectiva, se hace necesario hacer a las plantas o a las semillas inoculaciones con altas poblaciones o altas concentraciones de BSP. En otros casos, con estos microorganismos y sobre la base de estos mismos principios, se producen fertilizantes con P soluble como es el caso del biofertilizante fosfórico conocido como PHS, producido por la fusión de roca fosfórica con azufre elemental e inoculación con bacterias del género *Thiobacillus*. Las bacterias oxidan el azufre favoreciendo la generación de un ambiente ácido para la solubilización de los fosfatos de la roca.

En Venezuela hay un renovado interés por los biofertilizantes especialmente a nivel oficial, y el Instituto Nacional de Investigaciones Agrícolas

(INIA), tiene un proyecto específico para esto, que se denomina Proyecto de Innovación Tecnológica en Biofertilizantes para Agrosistemas Venezolanos Sustentables. Las actividades de dicho proyecto contemplan, entre otras cosas, la evaluación de microorganismos que pueden intervenir de una u otra forma en el mejoramiento del aprovechamiento de nutrientes por parte de las plantas, y la producción de biofertilizantes para ir introduciéndolos en la actividad agrícola del país como substitutos de los fertilizantes químicos. En el caso particular del fósforo, se han evaluado BSP entre las cuales destaca el *Bacillus megatherium var. Phosphaticum.*

En este tema de la fertilización biológica fosfatada, uno de los fenómenos más interesantes es el de la acción de las micorrizas. Éstos son unos hongos que pueden jugar un papel importante en el uso del P del suelo por algunas especies cultivadas, a través de una simbiosis poco específica que favorece la absorción de dicho nutriente. El hongo utiliza carbohidratos producidos por la planta, ayudando a ésta en los procesos de absorción de elementos nutritivos cuando sus hifas, que han invadido el sistema radical de la planta, se extienden por varios centímetros pareciendo una extensión del sistema radical, lo cual va a permitir la exploración de un mayor volumen de suelo que sin la presencia de las hifas del hongo. Esto es muy importante especialmente en el caso del P, ya que este elemento es poco móvil en el suelo y la planta lo absorbe solamente desde una zona muy cercana a la raíz.

-Evaluación y búsqueda de materiales que puedan ser utilizados en la fabricación de fertilizantes

Permanentemente se están obteniendo subproductos de actividades industriales, que contienen nutrientes esenciales para las plantas y que pudieran tener utilidad como componentes de los fertilizantes. Todos esos materiales tienen que ser evaluados desde el punto de vista de su compatibilidad química y física con otras sustancias que tradicionalmente se han utilizado como materia prima para esta industria, así como su evaluación biológica en cuanto a la ausencia de efectos fitotóxicos y el impacto que pudieran tener sobre el ambiente.

-Evaluación, adaptación y fabricación de prototipos de implementos, maquinarias y equipos de uso agrícola

En algunas oportunidades es necesario desarrollar ciertas herramientas, que son indispensables en la agricultura moderna y de grandes extensiones. Por citar dos ejemplos: en primer lugar, recuerdo cuando la producción de ajonjolí fue importante en la agricultura venezolana y un productor del estado Portuguesa, ideó y fabricó un equipo para recolectar automáticamente los haces de ajonjolí parados en el campo e incorporarlos a la máquina trilladora. Sin este mecanismo, dicha labor se realizaría a mano, con un gran costo en dinero y en tiempo, siendo esto último muy importante en este cultivo ya que una vez recolectado y parado en el campo está expuesto a grandes pérdidas, especialmente si ocurrieran lluvias fuertes.

En segundo lugar, durante cierto tiempo se estuvo tratando de desarrollar un prototipo de sembradora para el cultivo de yuca, cuya propagación es por medio de secciones de tallo y, por lo tanto, para la siembra se requiere un equipo especial. También hay reportes de la fabricación de prototipos y adaptación de sembradoras para utilizar con el método de mínima o cero labranza, aplicadoras de estiércol, encaladoras y otros ejemplos que seguramente existen en la historia de nuestra agricultura.

-Desarrollo de metodologías y equipos para la aplicación más eficiente del agua de riego

Cada día, mundialmente, se habla con preocupación en relación a la posible escasez de agua que nos espera en el planeta, lo cual seguramente ya se refleja en el conflicto de uso de este preciado líquido entre uso doméstico, industrial y su utilización en agricultura de riego. Por esta razón, es necesario que se establezcan líneas de investigación para ser lo más eficientes posible en la utilización de agua para regar los campos cultivados.

Un ejemplo de esta situación lo representa el caso del rio Tocuyo, cuyas aguas represadas se utilizaron por mucho tiempo para el riego de extensiones importantes sembradas de cocoteros y pastizales, lo que prácticamente se ha abandonado por el crecimiento de las zonas residenciales y turísticas aledañas a las atractivas costas falconianas, que requieren un suministro de agua cada vez mayor. Lo mismo ha ocurrido en el centro del país, donde ha habido un intenso desarrollo urbanístico e industrial durante décadas y se ha tenido que traer agua de otras cuencas relativamente lejanas para cubrir las necesidades hídricas de la región.

Para concluir este tema, solo quisiera expresar que todo lo expuesto son solo algunas ideas de lo mucho que se debe hacer en cuanto a la orientación de la investigación para la agricultura venezolana. Considero que todas las instituciones que tienen la responsabilidad de investigar para la producción agrícola deben ser apoyadas con presupuestos justos, con programas de mejoramiento profesional, con el equipamiento de laboratorios e invernaderos, hacer esfuerzos para recuperar el personal profesional que ha renunciado en busca de mejores oportunidades. A las organizaciones privadas, facilitarles todo el apoyo institucional oficial que puedan requerir para el logro de sus objetivos.

Los resultados de las investigaciones no pueden quedarse en informes y otros documentos archivados, tienen que llegar al campo y ser utilizados. Los productos que se obtengan y deban ser aplicados a los cultivos o a los suelos para su protección y mejoramiento, deben producirse a escala comercial. Esto puede ser realizado por las mismas instituciones donde se logren los resultados o por intermedio de particulares que cancelen el royalty respectivo, para que realmente sean de utilidad en la producción agrícola y las instituciones de investigación obtengan un merecido beneficio económico. Como ejemplos tomemos los casos de la fabricación de inoculantes con los microorganismos que se aplican a las leguminosas para la fijación de N atmosférico, de los biocidas de origen biológico, de las micorrizas para mejorar el aprovechamiento del fósforo en el suelo y de los microorganismos para la solubilización de fosfatos.

Como un ejemplo interesante de la producción comercial de los diversos productos mencionados, se puede mencionar que hace algunas décadas, cuando hubo un interés por el cultivo de la soya en Venezuela y siendo el inoculante bacteriano un insumo fundamental, el Instituto Venezolano de Investigaciones Científicas (IVIC) desarrolló en su Laboratorio de Rhizobiología un inoculante comercial, no solo para soya sino para otras leguminosas (caraota, frijol y especies forrajeras).

Desde que comenzó en el país un renovado interés por la soya, a finales de los años sesenta del siglo XX, se hicieron los primeros programas comerciales con semillas e inoculantes importados de USA. Ese inoculante era identificado como Nitragin y las bacterias estaban cultivadas y multiplicadas en turba. Siendo la soya un cultivo tan importante para la agricultura de cualquier país, por representar la principal especie oleaginosa del mundo y por tener características que lo hacen excelente para la rotación de cultivos, parecía que la superficie cultivada con esta leguminosa tendría un crecimiento progresivo. Eso motivó a los investigadores del IVIC a producir este inoculante con cepas de bacterias evaluadas en sus laboratorios y en campo, cultivarlas y multiplicarlas en turba del Delta del Orinoco, y venderlas comercialmente a los agricultores. Este inoculante fue identificado como Nitrobac.

Por la naturaleza del IVIC, la producción comercial de estos inoculantes no duró mucho tiempo en sus instalaciones del estado Miranda, y el proceso fue vendido a una empresa privada que se mostró interesada en esta actividad. Desafortunadamente la soya no tuvo el crecimiento esperado en el país y este proyecto creo que fue abandonado. De hecho, los programas más recientes que se han realizado con el cultivo de la soya en Venezuela, quizás en los pasados veinticinco años, han sido con inoculantes importados de Brasil y principalmente de Argentina, los cuales desde esa época, se fabrican en medios líquidos dejando de utilizar turbas para este fin. Los inoculantes en medio líquido son más fáciles de manejar en el campo, su vida útil aparentemente es mucho más larga que con turba y quizás sean más económicos para el agricultor.

Esa experiencia del IVIC con los inoculantes para leguminosas y el de la empresa privada que adquirió los derechos para producirlos, debería tomarse en cuenta para futuras acciones en este sentido. Así como este ejemplo, existen varios en la fabricación de biocidas de origen orgánico tanto por empresas privadas como por entes oficiales y universidades; y en la fabricación de fertilizantes especiales hidrosolubles y de aplicación foliar, compost, humus de lombriz y otros.

IX.-PROGRAMAS DE PRODUCCIÓN AGRÍCOLA

Una de las vías para tratar de superar la escasez de alimentos en Venezuela, es mediante la recuperación y el incremento de la producción de algunos rubros, en los cuales disponemos de recursos favorables para ser muy competitivos y de los cuales tenemos un amplio mercado esperando ser satisfecho.

Aunque en la actualidad la escasez de productos agrícolas en el país es generalizada, como ejemplos de esa situación me referiré solamente a tres rubros de elevado consumo, que son deficitarios, los cuales son cereales, oleaginosas y azúcar. No se justifica que estemos importando gran parte de nuestras necesidades de maíz para las tradicionales arepas y como grano forrajero para las raciones de alimentos balanceados para animales, que estemos importando gran parte de nuestras necesidades de aceites y grasas comestibles así como gran parte del azúcar que consumimos, tanto en la mesa diaria como en la industria, mientras los centrales azucareros están cerrados o trabajando a un porcentaje muy por debajo de su capacidad instalada.

En el caso de frutales y hortalizas, son cultivos que ocupan superficies relativamente pequeñas pero requieren grandes inversiones, su producción interna aunque oscila en el tiempo, se puede considerar que en general puede cubrir nuestras necesidades, pero requieren apoyo en cuanto a la disponibilidad suficiente y oportuna de los insumos básicos para su producción. Son sistemas de producción muy especializados y en el país existen los agricultores que se han dedicado por mucho tiempo a la producción de estos rubros.

Café y cacao son dos cultivos de mucha importancia y tradición en ciertas regiones del país que poseen condiciones excepcionales para su producción. Han sido productos de exportación e incluso, el cacao, llegó a ser tan importante en nuestra economía durante la colonia, que a las personas o familias muy distinguidas las identificaban como "Grandes Cacaos". Además, es conocido que en Venezuela tenemos algunas de las variedades que definen un tipo de cacao tan especial, el cacao porcelana, que dicen es de los mejores del mundo. Dentro de las actividades que se deben realizar con este cultivo, se tiene que considerar el rescate de estos materiales y el aumento de su superficie cultivada.

Por su lado, el café ha sido un cultivo de gran tradición en nuestras regiones montañosas, tanto de la cordillera de Los Andes como de la Costa, produciendo un grano de excelente calidad y representando un cultivo conservacionista que favorece la protección de esas zonas escarpadas, que de otra manera quedarían expuestas a la erosión y la destrucción. Tanto café como cacao pueden volver a ser importantes productos de exportación.

Otros rubros que son de gran tradición en el campo venezolano pero no serán considerados en estos ejemplos son las raíces y tubérculos y las especies forrajeras. Especialmente se debe apoyar la producción de papa y yuca y, en el caso de forrajes, facilitar todo lo conducente a incrementar la producción de biomasa de calidad para la alimentación animal, ya que esto va a influir en el mejoramiento de otro rubro muy deficitario en la actualidad como es el suministro de proteína animal (carnes, leche, huevos).

En todos esos cultivos mencionados, aunque para ellos en este documento no se van a detallar programas de producción, no quiere decir que no sean necesarios. En vista del desastre que ha caracterizado a nuestra agricultura del socialismo del siglo XXI, también se requiere emprender programas especiales de producción para motivar su recuperación. Como ya fue mencionado, en este caso y a manera de ejemplos, solo nos referiremos a cereales, oleaginosas y azúcar.

Los programas de producción agrícola que aquí se proponen para los diferentes cultivos de esos tres rubros, tienen varios aspectos en común entre los cuales descuellan los dos siguientes:

1.-El desarrollo de una unidad de producción comercial manejada por algún ente del gobierno nacional, ubicada dentro de alguna de las zonas productoras de cada cultivo seleccionado, que sirva como centro de demostración por la aplicación de los últimos adelantos para su producción. Tiene que dársele criterio comercial para que pueda ser aceptada por los productores y, a la vez, para que no represente una carga sino que más bien sea una unidad generadora de riqueza material, además de los beneficios de ser un ejemplo de avanzada en la producción de cada cultivo.

De acuerdo a los rubros seleccionados, considero que una finca de tamaño entre 50 y 100 hectáreas puede ser suficiente para alcanzar los objetivos propuestos. Para ello, se pueden utilizar terrenos pertenecientes al gobierno (INTI) pero si se considera que no hay las áreas adecuadas, se adquiere esa superficie de una finca representativa y ubicada dentro de la zona seleccionada. Todo el acondicionamiento y manejo de esta unidad de producción tiene que realizarse con criterio comercial y bajo ningún motivo considerarla como una dependencia oficial más.

Quizás es oportuno señalar alguna experiencia que con este mismo criterio se desarrolló en el país, aunque en este caso por la empresa privada. Es el caso de la producción de sorgo granífero que se inició hacia finales de los años sesenta, en Chaguaramas, estado Guárico. Ese pueblo guariqueño estaba en el abandono, con una ganadería muy extensiva y alguna producción de algodón. Había tan poca tradición de agricultura mecanizada, que cuando se iba a comenzar la actividad de campo en este nuevo proyecto, hubo que adiestrar a las personas seleccionadas en el manejo de tractores y de los implementos agrícolas más utilizados. Por supuesto que hoy la situación en casi todo el campo venezolano es otra y no debe ser necesario comenzar desde esa etapa de adiestramiento tan elemental.

Trataré de presentar esa experiencia de la forma más breve posible. En el país se generó una necesidad de producir granos forrajeros debido a algunas políticas agrícolas que se adoptaron en aquella época, siendo seleccionados el sorgo granífero y esa región del país porque la rusticidad de esta especie vegetal podía prosperar en esas difíciles condiciones climáticas, y porque esta planta podía ayudar a la alimentación animal con sus restos de cosecha y acabar con ese manejo trashumante de los rebaños vacunos, que eran movidos desde las llanuras onduladas y secas del Guárico hacia el sur buscando alimento fresco.

El proyecto en cuestión fue concebido por la empresa Protinal, C.A. que lo ejecutó por medio de una filial identificada como "Agrícola Chaguaramas, C.A" y que aún, después de casi medio siglo, es gratamente recordada en la zona como "La Agrícola". Lo primero que se hizo fue ubicar, contratar y comprometer a las personas más indicadas y capacitadas para este negocio; luego la compra de los terrenos, su deforestación y acondicionamiento para la siembra, la construcción de la infraestructura mínima necesaria y la adquisición de un parque de maquinarias y equipos agrícolas para atender el desarrollo progresivo de aquel proyecto, que se comenzó con la siembra de una modesta superficie hasta consolidarse, al cabo de pocos años, en la siembra de unas 3.500 hectáreas de sorgo granífero y en la ceba de un buen número de novillos cada año.

El proyecto fue un éxito total a pesar que antes de 1966 el sorgo granífero era un cultivo poco conocido, existiendo en los estados Zulia y Falcón pequeñas siembras donde producían el grano para preparar chichas y arepas. En 1972 se siembra a nivel nacional cerca de 5.000 ha llegando en 1981 a casi 230.000 ha, lo que indica unos incrementos interanuales muy elevados ya que en nueve años se aumentó el área sembrada más de cuarenta veces. De esa superficie sembrada en 1981, más de 90.000 ha se sembraron en esa región guariqueña, lo que indica que esta empresa, Agrícola Chaguaramas, C.A., sirvió de ejemplo para la comunidad productiva de la región, especialmente para los ganaderos que encontraron un aliado en esta planta maravillosa. El proyecto se llevó hacia Barinas y Portuguesa en los Llanos Occidentales, también hacia las sabanas de oriente en Anzoátegui y Monagas y hacia algunas zonas inhóspitas del estado Zulia y otras regiones del país, siempre con bastante éxito, a tal punto que en lenguaje coloquial se llegó a popularizar la expresión "de eso hay como sorgo", cuando algo era muy abundante.

Este proyecto se expandió a los productores interesados por medio de lo que se denominó Programa Racional Agrícola (PRA) que ya fue mencionado en el capítulo que trata sobre la extensión y la asistencia técnica en la agricultura. También fue un centro de investigación donde se le dio apoyo a investigadores de las universidades y de las instituciones oficiales y fue un centro de actividades de extensión ya que fue asiento de días de campo y otras actividades divulgativas de tecnologías para la producción de sorgo granífero.

2.-El otro punto en común es la necesidad de actualizar los análisis de laboratorio con fines de fertilidad de suelos, para poder programar la fertilización de una manera más científica y eficiente. Es recomendable que se logre, de una vez por todas, que los reportes de los diferentes laboratorios de suelos del país, tanto del sector oficial como privados, contengan información uniforme en cuanto a las variables analizadas y que ésta sea suficiente para preparar acertados programas de fertilización para cada sistema suelo-planta-clima que se vaya a utilizar en la producción agrícola.

CEREALES

Dentro de este rubro consideraremos los cultivos de arroz, maíz y sorgo granífero. Arroz y maíz que son granos para consumo humano directo y maíz amarillo y sorgo granífero como granos forrajeros para la elaboración de alimentos balanceados para animales.

Arroz

Para este cultivo existe en el país una infraestructura y una disponibilidad de maquinaria y equipos bastante importante, concentradas principalmente en los estados Portuguesa y Guárico. También existe un buen grupo de agricultores con vasta experiencia en la producción de este cereal y algunas organizaciones que lo apoyan, como por ejemplo, las asociaciones de productores que procesan y distribuyen semillas certificadas y Fundarroz que cumple una interesante labor para el mejoramiento del cultivo en el país.

El atraso causado a la producción de arroz durante estos años bajo el régimen del socialismo del siglo XXI, cuando hemos pasado de ser un país exportador de excedentes producidos a importador de arroz, implica que se debe recuperar la situación de este cultivo y para ello realizar programas de producción nacional. Este programa puede contener, un inventario del parque de maquinarias y equipos y las condiciones en las cuales se encuentra, de las plantas procesadoras del grano, y desarrollar una unidad de producción comercial por parte del estado, que sirva de base para la aplicación de los nuevos desarrollos tecnológicos en arroz.

Dentro de tantas novedades que existen para este cultivo vamos a referirnos a las siguientes:

1.-Fertilización del arroz: la práctica de fertilización en Venezuela tiende a ser en general muy ineficiente, pero en lo personal considero que en arroz es una de las peores. El manejo de los campos de arroz de inundación es bastante complicado y la aplicación de los fertilizantes de una manera eficiente es difícil. Por eso es común que los agricultores en muchas oportunidades aplican los fertilizantes prácticamente sobre las láminas de agua de riego, estos fertilizantes son arrastrados y se concentran a las orillas de las bermas que limitan los lotes de siembra, convirtiéndose en una fertilización desuniforme e ineficiente.

Recordemos que los suelos, una vez que se inundan se transforman en suelos completamente diferentes a los originales cuando están bien drenados, afectándose profundamente las transformaciones de algunos nutrientes. Esto es especialmente válido para nitrógeno (N), fósforo (P), azufre (S) y zinc (Zn). También los suelos arroceros son de texturas pesadas (alto contenido de arcilla) con valores muy bajos de conductividad hidráulica, por lo que las pérdidas de nutrientes por lixiviación se consideran mínimas o inexistentes.

Lo que ocurre con el nitrógeno es que si se aplican dosis elevadas de nitratos, éstos tienden a denitrificarse por las condiciones anaeróbicas que causa la inundación de los suelos y perderse el N_2 a la atmósfera. Lo mismo ocurre con los sulfatos que es la forma como las plantas absorben el azufre, en esas condiciones de escaso oxígeno tienden a reducirse y formar compuestos que las plantas no pueden aprovechar. Por su parte los fosfatos tienden a solubilizarse, particularmente los fosfatos ligados al hierro, incrementándose los niveles de P disponible para las plantas luego de la inundación de los suelos. En estas condiciones también, los niveles de Zn disponibles en la solución del suelo tienden a disminuir, lo que unido al aumento de los fosfatos solubles hace a este micronutriente víctima de reacciones de antagonismo iónico (excesos de P disminuyen la disponibilidad de Zn) induciéndose deficiencias de zinc.

Todo lo anterior conlleva a que a pesar que los programas de fertilización de arroz deben ser específicos para cada sistema suelo-planta-clima, existen recomendaciones generales que son las siguientes:

a.-Evitar la aplicación de dosis elevadas de nitratos y suplir el N en forma de amonio, para evitar pérdidas importantes de este nutriente por denitrificación.

b.-Aplicar dosis relativamente bajas de abonos fosfatados (dependiendo de los análisis de suelo) ya que parte del P del suelo se hace disponible después de la inundación. De esta manera se evita un gasto innecesario y no se afecta tanto la disponibilidad de Zn que tiende a disminuir por antagonismo con los excesos de P. En el abono de base se deben utilizar fórmulas bajas en P como es el caso de la fórmula 13-13-21. O hacer mezclas físicas de fertilizantes bajas en sus niveles de P con fórmulas de las denominadas en forma de "V", como pudieran ser, por ejemplo, 15-10-20, 18-10-25, 20-10-25, 10-10-30, etc.

c.-Hacer parte de los reabonos nitrogenados con sulfato de amonio en lugar de urea, ya que esto permite mantener en la solución del suelo niveles adecuados de S aprovechable. Los agricultores prefieren la urea porque es más concentrada en nitrógeno y es más fácil de aplicar. Sin embargo, si se logra que Pequiven produzca un sulfato de amonio granulado, estoy seguro que aumentaría su preferencia por parte de los agricultores.

d.-Aplicar Zn en aspersiones foliares para asegurar una buena distribución del nutriente y evitar las reacciones en el suelo que pueden conducir a su insolubilización.

e.-Muy importante, incorporar al suelo el fertilizante aplicado como abono de base. Esto ha sido una campaña adelantada por algunos investigadores y en especial por Fundarroz, que en el año 2002 incluyó la fertilización y su manejo como aspecto clave en su "Programa de Mejoramiento Agronómico del Arroz". Con esta incorporación se persigue que los nutrientes queden uniformemente distribuidos y colocados dentro de los primeros 15-20 cm del perfil del suelo, quedando disponibles para ser absorbidos por las raíces de las plantas.

f.-Fertilización residual del arroz: siendo la incorporación del fertilizante de base al suelo una práctica determinante en el aumento de la eficiencia de la fertilización y en el mejoramiento de los rendimientos del arroz, y como durante la época de lluvias esta práctica se dificulta mucho, la fertilización residual es una opción fundamental. Esto consiste en incorporar con rastra el fertilizante al suelo en la época seca, aplicando unas dosis de fósforo (P) y potasio (K) suficientes para cubrir los dos ciclos de cultivo por año (ciclos de riego y de lluvias). Estas dosis son algo menores del doble de la dosis recomendada para un solo ciclo. De esta manera, solo faltaría por hacer las aplicaciones fraccionadas de N y S en los dos ciclos de siembra, lo cual facilita enormemente esta práctica. Utilizar el efecto residual de los nutrientes P y K es equivalente a decir: *fertiliza una vez y cosecha dos veces.*

En nuestras condiciones, en el estado Portuguesa, se han medido beneficios considerables al aplicar esta práctica (cerca de 25% de incremento del valor de la producción por año), evidenciando el beneficio de la incorporación del abono de base al suelo, así como también dejan ver claramente que hay un efecto residual de los nutrientes P y K. (Solórzano, P.R. y M. Rengel. 2004. Crecimiento, nutrición y fertilización de cereales en Venezuela. Agroisleña, C.A. Ed. Cagua, Aragua).

2.-Evaluación permanente de cultivares de arroz: se requiere que constantemente se obtengan nuevas variedades de arroz con mejor adaptación a los diferentes sistemas suelo-clima y mayor capacidad de rendimiento. Para ello se cuenta con programas de mejoramiento genético nacionales y los desarrollados en otros países. También es conveniente revisar los adelantos en la producción de híbridos de arroz y la posibilidad de utilizarlos en el país.

3.-Evaluación de la posibilidad de producir arroz basmati en el país: el arroz basmati es un tipo de grano largo, de excelente calidad de cocción y de aroma y sabor muy especiales. Desde hace muchos años los británicos consumen preferentemente este tipo de arroz, el cual en principio era producido en la India y posteriormente su producción se ha trasladado a otros países de todos los continentes. Igualmente el consumo de arroz basmati ha invadido otros países de Europa, Asia, América; inclusive en Venezuela, en algunos mercados muy especiales se ha expendido este grano aromático y gustoso.

He tenido la oportunidad de encontrar en mercados europeos arroz basmati importado de Uruguay por lo que posiblemente, otros países latinoamericanos están produciendo y exportando este grano hacia esos mercados. Esto significa que hay un mercado interno y externo para este producto. En Venezuela, aunque creo que estas experiencias no han sido reportadas, se han evaluado variedades traídas de Texas, USA, de este tipo de arroz con bastante éxito, encontrándose que sus rendimientos son tan buenos como los de las mejores variedades que se siembran en nuestras regiones arroceras y los costos de producción son los mismos que para cualquier otro tipo de arroz.

4.-Evaluación de nuevos patrones de nivelación para hacer la aplicación de riego más eficiente. Debido a la escasez de agua, lo cual es un problema mundialmente considerado, en el cultivo del arroz que es un consumidor de enormes cantidades de agua de riego, ya que hasta ahora su producción más eficiente es con inundación de los suelos, se han estado desarrollando y evaluando nuevas tendencias metodológicas que buscan lograr esos altos niveles de rendimiento con menores cantidades de agua de riego. Esto permitiría sembrar mayores superficies con el cultivo del arroz mejorando significativamente la producción de este importante grano.

5.-Evaluación de productos y métodos para el combate de malezas, ya que en el cultivo del arroz, por su particular sistema de producción en suelos inundados, también es muy particular el manejo que debe hacerse para combatir las malas hierbas.

Hace algunos años, creo que en 2009, la empresa Agroisleña,C.A. financió a la Facultad de Agronomía de la UCV, un programa para el manejo integrado de malezas en el cultivo del arroz, en el marco de los aportes que hacían las empresas para investigación a través del Ministerio de Ciencia y Tecnología. Desafortunadamente, con la expoliación de esta empresa por parte del gobierno, este programa debe haber desaparecido. Sería conveniente evaluar los resultados que pudieran haberse obtenido en ese corto período y, de considerarlo adecuado, evaluar la posibilidad de continuarlo.

Maiz

Antes de esta crisis que ha invadido la agricultura venezolana y cuando se ha agudizado la carestía de alimentos, ya existía un déficit de maíz en el mercado interno, especialmente de maíz amarillo que se utiliza como fuente de carbohidratos en las formulaciones de alimentos balanceados para animales. También se viene arrastrando un déficit histórico en la producción de maíz blanco, que representa el pan de cada día del venezolano, el cual, cuando ocurría, generalmente se cubría con importaciones desde algunos de los pocos países que siembran este tipo de maíz, como por ejemplo Suráfrica y Argentina.

El maíz es el cultivo más popular en Venezuela y en muchas partes del mundo e, igualmente, es quizás el cultivo en el cual se ha realizado el mayor número de investigaciones con resultados que han permitido establecer un patrón tecnológico para su producción, adaptado a las diferentes regiones de nuestro territorio. Sin embargo, cada día surgen nuevas plagas y enfermedades, nuevos problemas de combate de malezas, nuevos sistemas suelo-clima que se incorporan a la producción de maíz que deben ser conocidos para aplicar el mejor manejo posible, cada día llegan al mercado nuevos cultivares que tienen que ser evaluados en los diferentes sistemas suelo-clima, que pudieran ameritar, entre otras cosas, cambios en las poblaciones de plantas, en las fechas de siembra y en los requerimientos nutritivos, por lo que la investigación no puede detenerse.

La situación de este cultivo justifica plenamente que se establezca no una, sino varias fincas manejadas por el sector oficial tal como ha sido explicado antes. Una distribución espacial de estas unidades de producción que podemos considerar pilotos, pudiera ser ubicarlas estratégicamente, al menos, en los estados Barinas, Portuguesa, Yaracuy, Guárico y Monagas.

Es imprescindible aplicar políticas que motiven a los agricultores a sembrar tanto maíz blanco como amarillo, ya que en los años más recientes se ha visto una tendencia a sembrar más amarillo, porque se dispone de cultivares con mayor potencial de rendimientos y, teniendo ambos tipos de grano el mismo precio, evidentemente el productor tiene un sesgo hacia el maíz amarillo. Esto es importante porque el maíz blanco no tiene sustituto en la mesa venezolana, mientras que el amarillo puede combinarse o compensarse con otros granos forrajeros.

Para disminuir la dependencia de las importaciones de maíz para cubrir nuestros requerimientos, se deben promover programas de producción de este cereal, asegurando los insumos necesarios de manera oportuna, especialmente las semillas de los cultivares de mejor comportamiento en cada sistema suelo-clima del país.

Sorgo granífero

Es necesario promover programas de producción con este cultivo ya que probablemente ha sido el cultivo con mayor crecimiento explosivo en un momento determinado, con uno de los índices de crecimiento interanual más elevado en toda la historia de nuestra producción agrícola, que se estableció muy rápidamente especialmente en regiones ganaderas, llegando a cubrir cientos de miles de hectáreas, cuya producción se ha estancado y hoy en día trata de sobrevivir en unas 200.000 hectáreas distribuídas en algunas regiones del país.

El sorgo granífero es un cultivo industrial, pues su grano, el cual es su principal producto, se utiliza en grandes proporciones como fuente energética en la elaboración de alimentos balanceados para animales, por lo que se considera un grano forrajero. Por otro lado, luego de la cosecha del grano hay un forraje remanente como producto secundario, que puede ser utilizado directamente por el ganado en pastoreo o puede ser henificado, por lo que este cultivo debe ser el mejor aliado de los ganaderos. Como todo cultivo industrial de uso masivo, es totalmente mecanizado.

Comparativamente con otras especies cultivadas, el sorgo granífero posee una aceptable rusticidad en cuanto a su comportamiento ante el ambiente, lo cual le permite que pueda producirse económicamente bien en áreas, regiones o épocas que ofrezcan condiciones limitantes para la explotación de otros cultivos, por lo que tiene grandes probabilidades de crecer sin competir por espacios con otros cultivos más exigentes como el maíz. Durante muchos años hemos tenido un déficit elevado de granos forrajeros que en el pasado se cubrió con la importación de trigo de segunda (US N°2) y luego de sorgo, y que en la actualidad se cubre con la importación de maíz amarillo. Quiere decir, que existe en el país una gran oportunidad para que este cultivo crezca considerablemente y pase a disminuir la brecha en el suministro de material energético para la alimentación animal.

Una de las razones del estancamiento en la producción nacional de sorgo granífero obedece a que su precio ha sido tradicionalmente inferior al del maíz amarillo, y la mayor parte de los productores que se mantienen sembrando sorgo es porque las condiciones de sus fincas no permiten una segura siembra de maíz, o porque son ante todo ganaderos con necesidad de disponer del forraje que produce el sorgo. Sin embargo, algunos ganaderos siembran maíz amarillo por encima de sorgo, porque en sus fincas no tienen limitaciones de forraje o porque necesitan el flujo de caja dinámico que brindan los cultivos de ciclo corto en comparación con la ganadería.

Entonces las perspectivas y las potencialidades del cultivo de sorgo granífero en Venezuela son muy favorables. Las perspectivas se basan sobre la realidad de cuantiosas importaciones de granos forrajeros para cubrir la demanda de las fábricas de alimentos balanceados para animales. Estas importaciones, que son básicamente de maíz amarillo, se pueden sustituir con producción nacional tanto de maíz amarillo como de sorgo, cada uno en sus áreas respectivas ya que en el país hay zonas con condiciones favorables para la producción de maíz y otras con limitaciones para esta especie, pero donde el sorgo es capaz de comportarse bien. Además, en las áreas ganaderas donde tienen escasez de forraje durante la época seca, el cultivo del sorgo granífero ofrece una producción de grano capaz de dinamizar el flujo de caja de las empresas ganaderas y a la vez, un forraje de muy buena calidad para alimentar el ganado en los meses de sequía.

En cuanto a las potencialidades, en Venezuela tenemos muchos recursos naturales con aptitud para la producción de sorgo granífero. Se puede decir que haciendo abstracción de otros aspectos, con excepción de las zonas montañosas y aquellas que se inundan o aguachinan por períodos prolongados, todas aquellas áreas con suelos de texturas medias a pesadas y al menos 400 mm de lluvia concentrada en 4 meses, son potencialmente aptas para la producción de sorgo granífero. Suelos de texturas livianas, incluyendo franco arenosos y areno francosos, deben estar ubicados en áreas con regímenes de lluvia de al menos 600 mm concentrados y bien distribuidos en 4 meses, para ser considerados para la producción de sorgo. Estas condiciones predominan en Guárico y las mesas de Anzoátegui y Monagas. No se puede olvidar el inmenso recurso que existe en los Llanos Occidentales, donde se ha demostrado que el sorgo es una verdadera opción para la siembra del período de norte-verano y que solo en Portuguesa en el año 2003 se llegó a sembrar más de 100.000 ha con rendimientos muy aceptables y costos de producción relativamente bajos. Es evidente el gran potencial que hay en el país para incrementar sustancialmente la producción de sorgo y contribuir al autoabastecimiento nacional de granos forrajeros.

OLEAGINOSAS

En este rubro se incluyen las especies vegetales que acumulan cantidades importantes de aceites y grasas comestibles y, en este caso particular, nos referiremos solamente a los cultivos soya y girasol.

Tradicionalmente en el Subsector Agrícola Vegetal las oleaginosas han sido de las más deficitarias, a pesar que alguna vez fuimos grandes productores de ajonjolí que es uno de los granos que produce aceite de excelente calidad y apetecido en los mercados internacionales, a pesar que hubo momentos en los cuales el algodón fue un cultivo importante y parte de las semillas eran utilizadas para extraer su aceite, a pesar que el maní tuvo un auge pasajero en las sabanas orientales del país y, a pesar además, que se han realizado ingentes inversiones en programas de palma aceitera, se edificó un majestuoso complejo agroindustrial para promocionar el cultivo de soya y procesar su grano, y se han realizado algunos programas para la producción de girasol.

Todos esos cultivos merecen ser considerados en programas comerciales si queremos superar ese prolongado suministro deficitario de aceites comestibles, al punto que hoy en día el maíz representa nuestra principal fuente de aceite, a pesar de no ser una oleaginosa ya que su concentración de aceite apenas ronda el 4-5%. La razón para esto, es que la industria de harina precocida procesa cerca de un millón de toneladas de maíz anualmente y en este proceso de producción se requiere extraer el aceite de los granos. El aceite de maíz, además, es muy popular en Venezuela ya que su precio ha estado regulado durante muchos años.

Hemos seleccionado como ejemplos a la soya por ser la principal oleaginosa del mundo y además ser la principal e insustituible fuente de proteína en las raciones de alimentos balanceados para animales; y al girasol porque es una especie que puede producirse satisfactoriamente en los ciclos de Norte-Verano que son populares al menos en los estados Portuguesa, Barinas, parte de Cojedes y de

Monagas, y en algunas otras regiones de nuestro territorio con ciclos erráticos de precipitación. Lo que se conoce como ciclos de Norte-Verano son aquellos que ocurren donde la precipitación anual es bimodal, pero el segundo pico de lluvias no es suficiente sino para algunos cultivos muy eficientes en el uso del agua, como es el caso del girasol y del sorgo granífero. En general el ciclo Norte-Verano se extiende desde mediados de octubre hasta febrero-marzo.

Girasol

Es un cultivo que se ha estado evaluando en diversas regiones del país desde principios de los años setenta por parte de dos especialistas del FONAIAP, Voinea y Mazzani. Las evaluaciones comenzaron por el estado Guárico con unas variedades de origen rumano al igual que Voinea, luego se evaluaron materiales de USA y cuando las evaluaciones se extienden a los Llanos Occidentales también se trabaja con cultivares de origen argentino. Se fueron obteniendo resultados favorables, el girasol se convirtió en una opción cierta y se comenzaron siembras comerciales que en un momento superaron las 100.000 ha.

Especialmente el estado Portuguesa se convirtió en el principal productor de este grano oleaginoso, en parte porque las condiciones de estos ciclos Norte-Verano son muy favorables ya que hay humedad suficiente cuando la planta de girasol la requiere, ambiente poco propicio para enfermedades foliares y época seca para el momento de la maduración del grano y la recolección, lo cual es muy conveniente. Quizás esta región del país sea la mejor para este cultivo, aunque no hay que descuidar otras donde se pueda cultivar girasol con bastante éxito.

En los ciclos Norte-Verano el girasol se siembra como segundo cultivo o cultivo complementario. Esto significa que después del cultivo principal que ocupa el primer pico de las lluvias, el cual puede ser maíz o arroz, se viene la siembra de girasol. En estas condiciones, el segundo cultivo puede aprovechar el efecto residual de los fertilizantes fosfáticos y potásicos, disminuyendo los costos de producción por concepto de fertilizantes. Esta actividad permite utilizar los suelos durante todo el año, lo cual debe ser compensado con algunas prácticas especiales para evitar el deterioro de este especial recurso natural.

Siendo un cultivo complementario que se va a producir principalmente en esta región occidental del país, los programas de producción comercial no necesitarían una unidad de producción especial, ya que se ubicarían tanto en una de las fincas de arroz como en una de maíz y así se logra el mismo manejo que realizarían los agricultores. Por supuesto se requiere continuar evaluando cultivares permanentemente y evaluar otras regiones con potencial para el cultivo.

Soya

La soya es un cultivo muy especial, que debería ocupar un sitio importante en la agricultura de todo país del planeta que tenga condiciones naturales favorables para el crecimiento de esta especie. Pertenece a la familia de las leguminosas (hoy fabáceas) por lo que es capaz de ser infectada por bacterias que establecen una simbiosis en sus raíces y fijar nitrógeno atmosférico para su nutrición, lo que la convierte en una planta ideal para rotación de cultivos, particularmente con especies gramíneas.

El grano de soya tiene un elevado valor nutritivo por su contenido de proteína que es alrededor de 35% con un balanceado contenido de aminoácidos, y por su contenido de aceite que es aproximadamente 17-20% con excelentes características. Como concentrado proteico se utiliza en raciones para alimentos balanceados para animales y en el enriquecimiento de variados productos destinados a la alimentación humana. Por esas razones, en muchos países del mundo la soya ha sido incluida directa o indirectamente en la dieta diaria y, como cultivo, ha sido permanentemente el centro de vastos programas de investigación y promoción para tratar de incrementar su producción y productividad. Venezuela no ha escapado a esto, siendo la soya de interés relativo para muchos investigadores, institutos de investigación y algunas agroindustrias desde los años cuarenta del siglo XX, interés que ha ido aumentando con el tiempo, pero aún sin alcanzarse un desarrollo importante del cultivo en el país.

Ese interés por la soya ha permitido que conozcamos las prácticas agronómicas generales para su producción en nuestras condiciones y hasta se han desarrollado variedades adaptadas a nuestras principales áreas agrícolas. Con esa información y con la contribución de la introducción de variedades de otros países, en la actualidad desde Brasil, se han realizado siembras comerciales exitosas desde el año 1967. A pesar de ello, nuestras necesidades actuales de soya que superan

el millón de toneladas al año, se cubren
prácticamente con importaciones en forma de
harina, de aceite y muy poco como grano entero.
Ese requerimiento equivale a sembrar unas 500.000
hectáreas con soya, las cuales están esperando en
nuestros campos para ser cultivadas.

Definitivamente, hay que insistir con la soya, ya
que en otros países con condiciones parecidas a las
nuestras se ha logrado producir muy
favorablemente este grano. En años recientes, este
régimen creó un complejo agroindustrial para la
siembra y procesamiento de soya, pero tan mal
manejado que los rendimientos del cultivo han sido
extremadamente bajos y por supuesto el programa
ha sido un fracaso. Este centro agroindustrial está
ubicado en las cercanías de la población de El
Tigre, estado Anzoátegui, y tenía, porque no se si
aún existen y en qué condiciones se encuentran,
todos los recursos materiales para la producción de
esta oleaginosa, incluyendo riego por aspersión
para varios miles de hectáreas y planta para la
extracción de aceite, procesamiento de la harina y
creo que en proyecto, una planta para elaborar
alimentos balanceados para animales.

Toda la infraestructura para la producción de
campo se puede llevar a niveles más modestos, ya

que de los miles de hectáreas que abarca, se pueden seleccionar unas 100 hectáreas en los alrededores de las instalaciones industriales para utilizarlas como unidad de producción piloto, manejada por algún ente gubernamental con criterio comercial. De esta manera, el complejo en su conjunto serviría como ejemplo para la proyección del cultivo en esa región, que abarca parte de Anzoátegui, parte de Monagas y parte de Guárico, que son las tres entidades con mayores potencialidades para el cultivo de la soya en Venezuela.

También este complejo agroindustrial sería un centro de recepción y procesamiento de cosechas de productores de la región. Por supuesto, sería un lugar para evaluar los cultivares desarrollados por trabajos de mejoramiento genético en el país y de variedades de otros países, así como las investigaciones con las novedades del cultivo, en particular lo referente a las prácticas agronómicas más convenientes para cada sistema suelo-clima.

AZÚCAR

Caña de azúcar

Esta especie representa prácticamente la única fuente para el procesamiento industrial del azúcar en el país, para lo cual tenemos una amplia infraestructura representada por los centrales azucareros repartidos en casi todo el territorio nacional, que en la actualidad están en manos del gobierno deteriorándose y los que aún funcionan, están trabajando muy por debajo de sus capacidades instaladas. En parte la desidia que predomina por estas instalaciones se debe a la falta de materia prima para procesar, es decir, a la poca producción actual de caña de azúcar a pesar de contar con recursos físico naturales y una infraestructura de riego suficientes para cubrir, si no toda, la mayor parte de nuestra demanda.

La caña de azúcar ha sido un cultivo de tradición en Venezuela y desde hace muchos años ha crecido asociada al crecimiento de la industria de bebidas alcohólicas y de refrescos. En algunos importantes sistemas de riego construidos por el estado este cultivo ha sido el principal ocupante, es el caso de los sistemas de Zuata-Taiguaiguay en los valles aragüeños, Las Majaguas y Rio Guanare en Portuguesa, El Cenizo en Trujillo, y actualmente el sistema de riego Rio Boconó en Barinas, ya que en su área de influencia se ha estado construyendo por más de diez años el Central Azucarero Ezequiel Zamora (CAEZ) que aún no se logra terminar y ponerlo en marcha a su total capacidad.

Muchas de las áreas sembradas con caña en esos sistemas de riego administrados por el Estado o en los desarrollos particulares, cuya producción alimentaba los centrales azucareros del país, han disminuido o han desaparecido, dejando los terrenos ociosos o dando paso a otros cultivos. El caso del CAEZ es impresionante ya que aparte de los problemas en su construcción, no se sembró suficiente caña para alimentarlo y han tenido que transportar caña desde otras regiones encareciendo significativamente el producto final.

Quiere decir que a este cultivo hay que apoyarlo y además, se hace imperativo recuperar los centrales azucareros expoliados. Se debe establecer una o varias buenas unidades de producción piloto, que además de su función comercial sean centros de aplicación y divulgación de las más modernas tecnologías para la producción de esta especie. Las grandes empresas productoras de bebidas gaseosas o refrescos son de los principales consumidores de azúcar, por lo que se espera mucha colaboración de ellos en cualquier intento que se haga para incrementar la producción interna de este rubro.

En noticias recientes, los productores de caña han manifestado una gran paradoja: "se están perdiendo cientos de miles de toneladas de caña porque no las reciben en los centrales azucareros del país". Tenemos entonces, por un lado, que la producción de caña es insuficiente y, por otro lado, lo que se produce no se puede procesar oportunamente. Por supuesto esta situación dificulta la motivación a los productores del campo, por lo que es necesario, urgente, la recuperación de los centrales azucareros en manos del gobierno para poder mejorar la producción de caña de azúcar.